★ 特殊天气 ★

DANGEROUS WEATHER

灭顶之灾

洪水是如何运动的

FLOODS

〔奥〕迈克尔·阿拉贝/著

李欣/译

上海科学技术文献出版社

Shanghai Scientific and Technological Literature Press

图书在版编目（CIP）数据

灭顶之灾：洪水是如何运动的 /（英）阿拉贝著; 李欣译 . —上海：上海科学技术文献出版社，2014.8

（美国科学书架：特殊天气系列）

书名原文：Floods

ISBN 978-7-5439-6102-9

Ⅰ . ① 灭… Ⅱ .①阿…②李… Ⅲ .①洪水—普及读物　Ⅳ .① P331.1-49

中国版本图书馆 CIP 数据核字（2014）第 005606 号

Dangerous Weather: Floods

图字：09-2014-110

总 策 划：梅雪林
项目统筹：张　树
责任编辑：张　树　李　莺
封面设计：一步设计
技术编辑：顾伟平

灭顶之灾·洪水是如何运动的

［英］迈克尔·阿拉贝　著　李　欣　译
出版发行：上海科学技术文献出版社
地　　址：上海市长乐路 746 号
邮政编码：200040
经　　销：全国新华书店
印　　刷：常熟市人民印刷有限公司
开　　本：650×900　1/16
印　　张：17
字　　数：189 000
版　　次：2014 年 8 月第 1 版　2016 年 6 月第 2 次印刷
书　　号：ISBN 978 - 7 - 5439 - 6102 - 9
定　　价：30. 00 元
http://www.sstlp.com

目录

前言

　　自本书第一版面世至今，已有几年时间了。其间发生了许多事情。因此我决定对其进行修订，以便对今年发生的事件进行报道。修订过程中，我做了一些修改，增添了一些内容，也保留了某些部分。

　　这几年中又发生了数次水灾。2002年7月，美国得克萨斯州东部与中部就发生了严重水灾，8人死亡，许多市县被宣布为灾区。这又是一个悲剧，但这样的悲剧是司空见惯的。全世界每年都会有水灾发生，水灾距离我们并不遥远。无论将来气候如何变化，水灾都不会消失。事实上，如果气候变化带来更多降雨，那么水灾也会更加严重。

　　近年来人们对气候进行了更为深入的研究。我们的所作所为改变了全球气候吗？这一问题引起众人关注。一些机构为此提供专项资金，用于估测全球变暖的可能性及其后果。如果我们想了解这种后果所带来的危险程度（如果它算作是危险），那么科学家就要弄明白太阳、大气及海洋之间是如何相互作用，才形成了每天的天气状况。尽管我们还远远不能完全了解气候，但人类科学进步的速度是史无前例

1

的，我们的发现也是日新月异的。本书就囊括了最新的相关发现。

借此机会，我也扩充了一些内容，对某些题目进行了更深入的阐述。本书中，我新增三章，分别是：风暴与暴雨；雷与电；季风。同时做了详尽讲解。

为了使文章叙述流畅而不被打断，我继续使用补充信息栏部分，来讨论某一大众感兴趣的话题。这一版比第一版用得还多。因为它不仅能够直观地解释大气学现象，比如分压及水汽压，风暴云中的电荷分离以及平盖均衡，也能解释山坡比山谷中多雨的原因。

本书中的所有度量制单位都是大家所熟知的，比如磅、英尺、英里以及华氏，并且在括号中给出与之相对应的公制单位。现在科学家都使用国际标准度量制单位，但有些读者可能对此不十分熟悉，因此我在附录中列出了国际标准度量制单位和换算，以供参考。

本书的另一个新亮点就是扩展阅读部分。本书末尾完整列出了所有与主题相关的信息资源，包括一些可能对读者有用的书目，更多的是一些网站网址。如果你可以上网，那么这些网址可以让你更迅速地了解水灾及气候知识，并且是免费的。

此外，为了增加图解和地图的数量，我删除了第一版中的照片，因为图解与地图提供的信息比照片更有用。我的朋友兼同事理查德·加莱特亲笔作画，娴熟地把我的粗糙草图加工成如此完美的艺术作品，我对此深表感谢。

同时，我也向Facts On File编辑弗兰克·达姆斯达特致谢，感谢他为此付出的耐心与努力，以及对我的激励。

如果这版修订的《灭顶之灾》能够让你更深入地了解天气，那它的任务就完成了，同时也了却了我的最大心愿。我希望你读这本书的兴趣就像我写书时的兴致一样浓。

水是如何运动的

洪水发生的区域

位于澳大利亚新南威尔士州的伯克镇,距海400英里(644公里),年均降水量13英寸(330毫米),因此气候非常干燥;位于北部地区的爱丽丝斯普林斯镇,年均降水量也只有10英寸(250毫米)左右。这只是两个常见的例子。在澳大利亚的大部分地区,尤其是内陆地区,水被看作是宝贵的资源,不可滥用。但情况也并非完全如此,偶尔也会出现雨水过剩的问题。

1973与1974年之交的夏天,天气就不同以往。大雨不停地下,河水冲垮河堤,淹死了数千只绵羊。澳大利亚的新南威尔士州、昆士兰州,甚至内陆的广袤沙漠地区,都被大面积淹没。尽管澳大利亚东南部过去也曾经发生过大面积水灾,但都没有这次规模大。1955年,麦夸里河、卡斯尔雷河、纳莫伊河、亨特河、圭迪尔河河水泛滥，新南威尔士州40个城镇的4万人无家可归。第二年，同样在新南威尔士州，位于马兰比克河岸边的黑镇与巴兰纳德镇之间40英里（64公里）宽的地域被洪水淹没。

蒙古首都乌兰巴托海拔4 347英尺（1 326米），距海相当远，气候干燥，年均降水量只有8.2英寸（208毫米），比爱丽丝斯普林斯镇还要干燥。然而，就是这样干燥的地方也难逃水灾这一劫，1996年8月，这里的两条河流泛滥了。

以上提到的澳大利亚与蒙古水灾都是百年不遇的，然而却向我们阐述了一个事实，那就是，如果沙漠中也会出现洪水，那么洪水真的就是无处不在了。

洪水是怎样划分等级的

研究水的运动规律的科学家被称为水文学家，他们依据水灾发生的可能性来将其划分等级。在埃及修筑阿斯旺高坝以前，尼罗河每年都要泛滥，两岸大片土地被淹。尼罗河的水灾每年发生一次，具有规律性，因此水文学家把它称为"周期1年型水灾"，警告人们每年都要为预防水灾的发生做好准备。同样，海水涨潮也是有规律的，通常每天两次。这并不能真正算作是水灾泛滥，但是如果涨潮较高，并且遇到向岸风，那么水就有可能涌上岸。如果这种情况经常发生，就可算作是"周期1年型水灾"；如果不经常发生，就可以依照其频率依次划分为周期10年型或百年型之类。如图1所示，周期1年型的水灾中，岸边地带某些区域内的植被会经常被水浇灌冲击，因此这一地带的植被主要是湿地植物。它们已经习惯这样的环境，所以并不会被伤害。然而在百年期水灾中，洪水的浪头更高，会冲击到离岸边更远的地方，而那里的植物还没有适应海水的冲击泛滥，因此有可能被伤害。

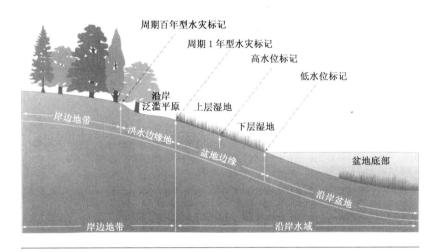

图1 河流沿岸地区
不同区域存在着不同的水灾隐患。

周期1年型的水灾造成的损失并不大，植物自身可以应付。如果殃及城镇或村庄，那么人们可以修筑一些防御工程以保护民宅及商业区的安全。由于这类水灾发生频率高，人们用于建筑及维修防御工程的费用往往要比承受洪水损失所付出的代价低得多。对于周期百年型的水灾来说，如果人们提前采取措施保护财产，也不失为明智之举。

以上给出的观点完全是我从统计数字中总结而来的，并不能预测什么。科学家们通过研究历史纪录，能测算出某一特定地区特定时间内每年发生水灾的可能性。如果10年中发生一次，就称为"周期10年型水灾"。但这并不意味着此规模水灾每10年爆发一次。就拿密西西比河来说，1943年这里发生过周期10年型水灾，而在接下来的1944年、1947年、1953年密西西比河又连续泛滥，每次间隔不到10年。20

年以后，即1973年以及以后的1982年、1997年（主要殃及雷德河地区，对美国的大福克斯及北达科他州造成严重损失）、2001年又分别发生4次水灾。

人们要想为千年难遇的水灾做好充分预防是很难的，甚至是不可能的。1952年英国小村利恩茅斯就发生过这样毁灭性的灾难。这次水灾周期被测定为5万年。当然，这并不是说上次发生类似规模的水灾是5万年前（5万年前地球还处于冰河世纪），而是说这样的水灾在当地是极为罕见的。由于这类罕见的水灾出乎意料，人们不能做好充分预防，所以造成的损失比较严重。1993年密西西比河泛滥就引起了一场"特大水灾"。某些专家测定此规模水灾周期为100年，也有人认为是500~1 000年的。1999年1月，在一次百年不遇的暴雨过后，澳大利亚昆士兰州东南的玛丽河河水泛滥，发生水灾。这次水灾周期是100年。在马利伯勒镇的某些地区，洪水淹没了屋顶。2000年11月新南威尔士州东部遭受40年来最严重的水灾袭击，因此这次水灾周期就是40年。

当海水涨潮时

地势较低的沿岸内陆地区常常会遭到海水的侵袭，所以人们必须修筑海堤以阻挡海水，否则就会时常发生水灾。因为海水沿岸地区往往是人们喜爱的聚居地，尽管知道存在着危险，还是有很多人愿意居住在那里。如图2所示，美国东部大西洋沿岸的大片陆地就存在水灾隐患。因为这些地方地势较低，与海平面高度比较接近。海平面高度是指高潮水位线与低潮水位线的中间点。美国迈阿密市高于海平面25英尺（7.6米），弗吉尼亚的诺福克市高出11英尺

4

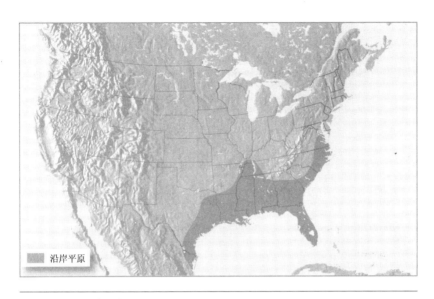

图2　美国大西洋沿岸平原
美国东南部低地地区存在的水灾隐患最大。

（3.4米），而南卡罗来纳州的查尔斯顿仅高出9英尺（2.7米）。高潮与低潮之间高度的差异叫做潮汐范围，美国东南沿海大部分地区的潮汐范围平均为4英尺（1.2米）。这就意味着平均来说，查尔斯顿的高度要比海水涨潮时高出7英尺（2米）。因此，一般情况下不会出现水漫街道的场面。

　　大西洋沿岸平原多为沙质土地，人们喜欢在沙滩行走、玩耍，自然也想把家安在那儿。但是，沙质土地比较松软，不坚固，在上面建房并不是明智之举。沙丘移动虽然缓慢，但还是显而易见的。随着沙丘的逐步移动，房屋与海岸之间的沙障可能会逐渐消失。若干年前，英国西南部著名的度假胜地比尤德遭遇风暴，沙滩一夜之间竟下陷达6英尺（1.8米）！过去游客们总是穿过沙滩小屋来到沙滩上，而现在小屋的门却在沙滩高处摇摇欲坠。风暴可以将沙建成护坡道，也可以轻易摧毁

5

它们。

更危险的是,美国大西洋沿岸及墨西哥的沿岸地区正处于飓风带。这种热带气旋形成于大西洋洋面,穿越加勒比海,然后一路北上,进军美国大西洋沿岸。它们是否会登陆还不确定,但是确实多次出现飓风登陆的迹象,而停留在海面未登陆的,可能产生巨大的波浪,引起风暴潮,继而引发大水,波及到内陆大范围地区。

冲积畦地和泛滥平原

地势低矮的沿海平原不仅仅存在于北美,而且遍布于世界各个大洲。这类地区是水灾高发地,即便是位于高纬度地区不会遇到热带气旋,但也容易发生水灾。欧洲西北部有着广袤的沿岸地区,它们的高度接近海平面,而比利时北部的弗兰德尔斯几乎就是和海平面处于同一水平线上。在荷兰,约有2 500平方英里(6 475平方公里)的土地是从海洋冲积后形成的冲积畦地中开垦出来的,这占到了全国土地面积的19%。防洪堤可以保护这些畦地,但要经常地维护修缮。有一段时间,维修的担子落在了农民身上,因为这些土地的所有权在他们手中。而他们也深知,稍一疏忽,就可能水灾泛滥。

关于荷兰防洪堤还有个著名故事。主人公皮埃特是一个水闸管理人员的儿子,他为了堵住防洪堤上的一个洞,把自己的手指伸了进去,从而挽救了整个地区。事实上《挽救了荷兰的男孩》是美国作家玛丽·梅普斯·道奇笔下的《银冰鞋》中的一个童话故事,作者的意图就是想让读者们学会负责任。皮埃特的名字家喻户晓,后来在荷兰的斯巴阿恩丹和哈灵根树起了他的两尊雕像。当然了,要想堵住即将决裂的大堤,一根手指是不够的。所以,这个故事完全是虚构的并且是美国化的，并不是荷兰本土创作。

除了海洋之外，较大河流的泛滥，平原也容易发生水灾。水灾不是由曲流作用形成的灌溉体系引起的，而是由大雨，或者是由于上游的雪融化后，河堤无法承受更多的水而造成决裂。密西西比河形成的曲流向南流向墨西哥湾的过程中，就曾数次泛滥。1926年8月的连绵雨造成密西西比河及其支流泛滥，淹没了7个州的2.5万平方英里（6 475万平方公里）的土地。在某些地方，水宽达80英里（129公里），深18英尺（5.5米），大水直到一年后的1927年7月份才退去。1937年1月，水灾再次暴发，毁坏了13 000所房屋。1937年4月末的水灾泛滥面积将近1 000平方英里（2 600平方公里）。1993年夏，密西西比河水灾波及9个州，损失达120亿美元。2001年4月，该河再次决堤，影响到明尼苏达、威斯康星、爱荷华以及伊利诺伊4个州。

当然了，密西西比河并不是唯一泛滥的河流，它造成的损失也不是最惨重的。在这方面，亚洲有几条河流也可以名列前茅了，就以中国的黄河为例。1887年，黄河水灾淹没了1 500个村镇，估计有90~250万人死亡。1931年，黄河水灾又造成8 000万人无家可归。

长江是中国的另一条大河，发源于喜马拉雅山脉，流入东海，全长3 400英里（5 470公里）。图3给出了长江的位置。一般来说，长江每秒钟释放的水量不足600万加仑（2 300万升），但有时这个数字会成倍增长。这时，过量的水就会流到长江两岸的平原。长江中下游平原面积7万平方英里（18.13万平方公里），人口2.5亿。这一带土地肥沃，粮食产量在全国占有很大比重。1931年，也就是黄河泛滥那一年，大雨造成长江水位比平时高出97英尺（30米），引发的洪水冲毁了庄稼，引起饥荒及疾病，死亡人数高达370万。1996年夏，长江及其支

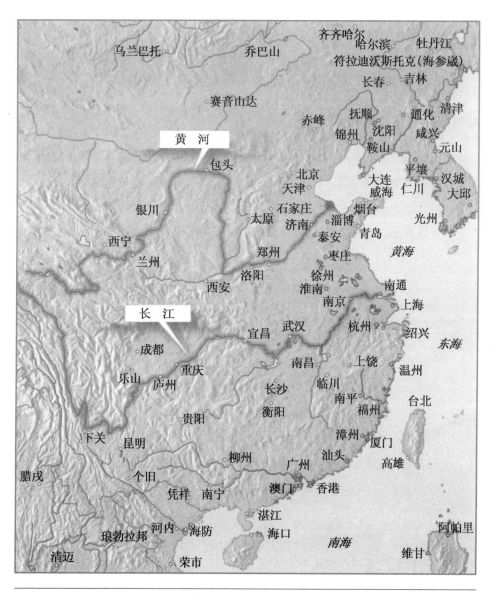

图3 长江
长江是中国最长的河流，黄河在长江以北。

8

流发生大面积水灾，有两千多人死亡。1998年与1999年之间的夏季季风气候来临，大雨造成长江再度泛滥。1998年大水中4 100人死亡，1999年又有七百多人死亡。发生这些灾难以后，政府拨出160亿美元专款，用于控制水灾以及把人们从容易发生水灾的地区撤离。中国政府还采取其他防护性措施，包括禁止乱砍滥伐，鼓励植树造林。此外，政府还派出专门部队驻守，以防止主要河流泛滥，保证三峡工程的顺利进行。

三角洲

一些亚洲国家不仅要应付河流泛滥引发的洪灾，还面临着海洋的威胁。越南有两个大面积肥沃的三角洲地区，北有红河流入北部湾，南有湄公河汇入中国南海。因此，这里的气候受到夏季季风的影响。岘港省只高出海平面10英尺（3米），9、10月份降水可达38英寸（965毫米）。两个三角洲都处于台风带上。台风是发生在西亚和中国南海的热带气旋。1996年7、8月间，越南遭遇了一连串的热带风暴，风力接近台风级，导致红河决堤，首都河内被大水淹没。2000年湄公河三角洲发生水灾，有480人死亡，其中多数为儿童。次年秋天，湄公河再次泛滥，二百五十多人被淹死。

韩国和朝鲜也面临同样的问题。2001年7月，韩国下起了37年以来最大的雨，紧随其后的，又是连续数月干旱。大雨引发洪水及山体滑坡，造成40人死亡。首都汉城的汉江江水曾一度漫过公路，大桥被迫关闭。同年9、10月份，朝鲜民主主义人民共和国东南沿海省份江原道省连降大雨，引发洪灾。10月10日那天，仅2小时降水便达到了4.5英寸（114毫米）。洪水击沉了船只，冲毁了工厂。

如果说越南和韩国是水灾常发国家，那么孟加拉国就是这个地区水患最为猖獗的国家了。孟加拉大约有10%的国土处于恒河和布拉马普特河之间的三角洲地区，孟加拉人把这两条河分别称为博多河和贾木纳河。这两条河的河水流入孟加拉湾，而气旋（当地人对热带气旋的称呼）就在这一带形成，然后北上。季风时节，河水涨溢，两河交汇，水灾往往会在此时发生。这一带的房屋通常建在较高的支架上，以防止洪水进入。当河水涨潮，包围支架，房屋就被水隔离起来。这种现象一点都不奇怪，而且也不是什么严重的事。但是糟糕的是，大水经常冲垮泥筑的田堤，毁坏庄稼，溺死家畜。

尽管有了支架的保护，每年还是有大批人死于水灾和风暴。如果当年季风比以往猛烈，或者气旋引起风暴潮，那么这些支架是不足以保护人身安全的，结果可能不堪设想。这是因为孟加拉人口稠密，总人口约1.11亿（根据1991年人口统计），平均密度为每平方英里二千二百多人（每平方公里850人）。1996年的季风也比以往猛烈，7月初洪水就开始泛滥，造成博多河与贾木纳河决堤，至少有50万人被迫离开家园，一百二十多人死亡。

地势低矮的沿岸平原与水平河谷是水灾高发地带。当两个地区同时发水时，干流中的三角洲地区也会发水，这一带的土地就不可避免会屡遭洪灾。

补充信息栏 厄尔尼诺

每隔2～7年的时间，赤道大部分地区、东南亚和南美洲西部地区的气候就会出现异常波动。一些地区变得干旱无雨，如印度尼西亚、巴布亚新几内亚、澳大利亚东部、南美洲东北部、非洲的合恩角、东非的马达加斯加，也包括南亚次大陆的北部地区。与此相反，如赤道太平洋的中东部地区、美国的加利福尼亚州和东南部地区、印度南部和斯里兰卡等地区则是暴雨成灾。这种天气的异常变化至少已经有 5 000 年的历史了。

在南半球，这种天气的异常变化主要发生在圣诞节到夏季之间。南美洲的西海岸地区原属干旱型气候，但每到此时却雨量激增。降雨虽然对庄稼有利，但当地的居民主要以捕鱼业为生，异常天气导致鱼群的数量急剧减少，使当地人蒙受了巨大的损失。在受其影响最严重的秘鲁，人们把这种现象与圣诞节联系起来，认为是圣婴降临带来的一种神奇力量，称它为"厄尔尼诺"（厄尔尼诺是西班牙语"圣婴"的音译）。

厄尔尼诺的出现与消失是一个名为"沃克环流"的大气环流圈变化的结果。它是 1923 年由英国人吉尔伯特·沃克爵士（1868—1958）首先发现的。沃克发现在太平洋西部的印度尼西亚附近有一个低压区，而在太平洋东部靠近南美洲附近则存在一个高压区。这样的分布有助于信风自东向西地流动，并带动赤道洋流也向同一方向流动，将大洋表层的暖流带向印度尼西亚并在这一地区形成暖池。暖池正适合产生上升气流，而从东边吹来的信风刚好从下层补充该地区气流上升后的空间，所以空气在低空是自东向西运动的。但在高空，气流则由西往东反向流动，至赤道太平洋东部较冷水域上空沉降，由此形成东西向的环流圈。这就是所谓的沃克环流。

然而在有些年份，情况会发生变化，出现西高压东低压的情况，信风由此减缓或停止，甚至有时会自西向东逆向运动。赤道洋流也随之减弱或改变方向，暖池中的海水开始向东流动，加大了南美洲沿岸暖流的深度，抑制了秘鲁寒流的上升，结果使该地区的鱼类和其他海洋生物无法获得寒流所携带的营养，数量减少。方向发生变化的信风向西运行时还给南美洲带来大量的水汽，造成沿海地区暴雨成灾。这就是

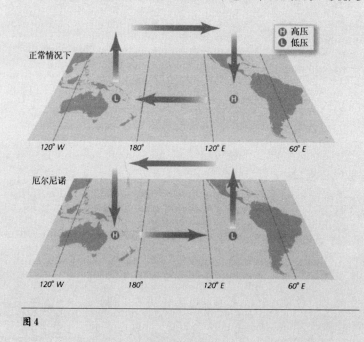

图4

厄尔尼诺现象的发生。有时候太平洋西部低压区的气压会进一步下降,而东部高压区的气压则升高。受其影响,信风和赤道洋流的流动速度加快,结果使南亚地区洪水泛滥而南美地区则是旱灾严重。这种现象被称为拉尼娜现象。拉尼娜现象与厄尔尼诺现象都是灾害性的天气变化。赤道太平洋上空气压的这种周期性变化被称为南方涛动,简称 SO。人们把它和受其影响而产生的厄尔尼诺合起来称为 ENSO。

蒸发、降水及蒸腾现象

地球上的水,无论淡水咸水,都来自海洋并归入海洋。这个周而复始的循环过程,叫做水循环。当我们看到洪水漫过了街道和房屋,我们可能会想,这是河流决堤溢出来的水。而究其根源,无论是河里的水还是天降的水,都无一例外源自海洋。

海洋是地球的蓄水库。它占到地球表面的71%,平均深度为2英里多(3.2公里),总蓄水量达3.3亿立方英里(13.7亿立方千米)。当然这都是咸水。此外,极地冰冠和冰河中也含有约4 200万立方千米的淡水。但这些水永远处于冰冻状态,因此不能用作饮用、盥洗及工业用水。植物也无法利用这些水。我们人类同植物一样,必须依赖河流湖泊及地下水才能生存。这些水加在一起,约合350万立方英里(1 460万立方千米),占地球水总量1%左右;大气中约含有120万立方英里（500万立方千米）水汽及云中积雨。尽管云很大，但所有的云及空气中肉眼看不见的水汽加在一起，也只占到地球水总量的0.3%而已。

在热带海洋洋面附近，空气中的水汽占空气总体积的4%（或总重量的3%）；而其他地方的空气中，水汽更少些。海拔3.3万英尺（10公里）以下的空气中平均水汽含量为1%；而海拔高于3.3万英尺（10公里）的高空，水汽体积只占空气的百万分之三至百万分之六。即使在空气最为潮湿时，水也只不过是它的一个微小成分而已。

水循环

如图5所示，水总是不停地从陆地及海洋表面运动到空气中，然后再返回，这种运动就构成了水的循环周期。每个水分子个体在循环过程中停留在某一阶段的时间长短不一。水分子进入空气以后，平均停留9~10天，然后作为雨、雪降落下来。当它降落时，也可能立刻又蒸发出去。如果它降落到陆地上，可能被土壤吸收，进入含水层。如果含水层离地表不远，并且是由碎石粗沙这样易渗水的物质构成，那这个过程只需要几天；但如果含水层较深，那这个过程可能就要几百万年了。水分子可以在河流中只停留几天，但如果河水又把它卷入大湖中，那它可能会在那儿待上几十年。以雪的形式降落的水可能会融入冰原或冰河。如果水分子进入极地冰原，它可能会被困在里面成百上千年；但如果是在较小的冰河里面，可能几十年就被释放出来。如果水分子进入了海洋，可能会停留在那儿长达3 000年。

水分子在每个循环阶段中所经历的时间叫做"停留期"。除了被深深埋在地下含水层的水分子以外，其余水的停留时间长短同循环过程

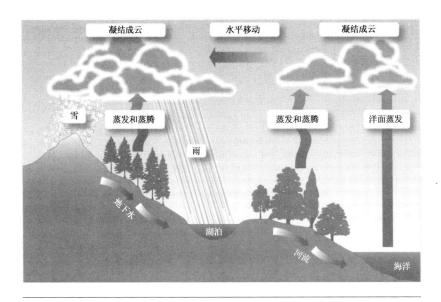

图5　水循环

中每个阶段水的数量成正比。空气中含水较少,所以水分子停留在那里的时间就短;冰原与海洋中含水较多,所以水分子的停留期就长。

在循环的每一个阶段中水的数量并不是一成不变的。在冰河时代,冰原与冰河扩张,它们的面积比现在大得多。它们那时含水多,因此水分子的停留时间就要比河流及含水层中液态淡水水分子的停留时间长。水在冰原中积聚,那么海洋中的水量就要减少。水从海洋这个水库转移到冰河的同时,海平面下降了。当冰河时代结束,冰河融化时,水又返回海洋,海平面再次上升。

大多时候,水循环是处于平衡状态的。水可以蒸发成水汽,进入空气后水汽凝结成云,又通过雨或雪的形式返回地表。在海面蒸发后形成云的水总量同降落到陆地后由河流带回海洋的水数量是相等的。只有极少量水在大气最高层消失,因为太阳能将水分子分解成氢原子和氧原子,氢原子挣脱了地球的引力。此过程中损失的水可由火山释放出的"原生水"来补充。

"降水"这个术语是气象学家用以描述水从天而降这一现象的,不管水是以液态还是固态形成存在,也不管雨滴或雪片是大还是小。大雨、毛毛雨、冻雨、雪、雹、霜、露及雾这些都是降水的形式。多数水降落以后要流入海洋,这是因为海洋比陆地大得多,并且水的蒸发也多数发生在海洋。平均来说,每天约210立方英里(875立方千米)的水(约占蒸发水总量的85%)从海洋蒸发出去,约38立方英里(158立方千米)的水通过蒸发及蒸腾过程由陆地进入空气中。蒸发或蒸腾的水,又有约180立方英里(775立方千米)的水通过降水过程进入海洋,(约占降水总量75%左右),24立方英里(100立方千米)的水被空气从海洋携带到陆地,大约62立方英里(258立方千米)空气中的水降落到陆地,而那100立方千米被空气携带到陆地上的水则通过河流返回到海洋中去。

无水星球上的生存状况

众所周知,如果没有液态水,地球上的动植物就无法生存。水是地球生命之本。这并不意味着在一个干燥无水的星球就没有生命存在,只是说即使那里有生命,那它同我们地球的生命也是完全不同的。

虽然我们不能在无水的星球生存,但我们可以去参观拜访它(只要我们带水去)。如果我们真的去了,我们会发现那里的气候同地球截然不同。没有云也没有雨雪,因此也就没有河流湖泊或冰川冰河之类的。接下来我们又发现其他的差异,比如昼夜温差问题,夜间温度极低,而白天温度又极高。在中纬度地区,夏天酷热,而冬天又奇冷。赤道气温与极地气温的差异比地球大得多。

这些差异的产生完全是因为地球有水,而那里没水。水的储热能量比岩石及沙土要高得多。这就是说,在温度同样升高的情况下,水能比干燥的陆地吸收更多的热量,确切地说,是5倍还多。因此,在白天或夏季,水的升温速度比干地的升温速度慢得多。这就影响到海洋上空空气的温度,进而使陆地温度也降低些。同样道理,水的降温速度也要比陆地慢得多。因此在夜间或冬季,空气穿越温度相对高些的水面后,会使陆地温度也升高一些。

水在蒸发或凝固、冻结或融化时,或吸热或散热,这种热叫做"潜热"(参见补充信息栏:潜热与露点)。水可以把从赤道获取的热量携带到高纬度地区。水在赤道附近蒸发成水汽时要吸入热量使周围温度降低。水汽离开赤道,凝结形成云时,热量释放出来,周围气温升高。凝结过后释放的热量同蒸发过程中吸收的热量是等量的。这就是一个从赤道向高纬度地区输送热量的过程。

此外,干燥无水的星球要比地球多风。不同地区温度上的巨大差异同样会导致气压上的巨大差异,因为暖空气会膨胀上升,表面压力减少;冷空气会收缩下降,表面压力增加。空气和风在高压与低压中心移动的速度同气压变化的速度成正比,或叫气压梯度。无水星球上温度的巨大差异就会使它的气压梯度比地球上陡得多,因此,尽管那里的顶级风速可能并不比地球高,但那里的7—10级大风及飓风级风发生的次数要比地球多得多。

尽管我们带了足够的水,能够满足生活所需,但还是会觉得生活在一个无水星球上是极不舒服的。这里虽然没有水灾,但极端的温度和猛烈的风暴将使人更加痛苦。

水的存在状态

由于地表温度及气压的存在与变化,水可以有三种状态存在,即固体、液体和气体。三种状态可以在同一时间存在于同一地点。在一个结着薄冰的湖面上或是极地海冰的边缘,可以看到固体(冰)漂浮在液体(水)上,上面的空气中含有气体形式的水(水汽)。正是由于有了三种状态的不断转变,以及河流洋流输送液体水,空气运动输送气体水这样的过程,才有了我们现在的气候与天气。

在太阳系中,地球是唯一一个表面存在液态水的星球。某些恒星以及它们的卫星,比如木星上面,都存在大量的水,但只是以冰的形式存在。欧罗巴(也叫木卫二)和木星的最大卫星木卫三都是冰层覆盖的。天文学家认为,在冰层覆盖的欧罗巴表层下面,可能隐藏着巨大的液体水海洋,可以孕育简单的生命形式,比如细菌。泰坦(土卫四)是土星的最大卫星,那里有一层厚厚的不透明的大气层(表面气压大约1.5巴——比地球高出50%),其中有一半包含水冰(另一半是岩石)。但是,泰坦的大气层非常干燥,因为它的表面温度是-290℉(-179℃),这个温度太低了,水无法以水汽形式存在于大气中。海卫一是海王星的最大卫星,它也有25%是水冰构成的。最为独特的是,海卫一上有些冰火山。科学家认为,冰火山喷发时,喷出的是液态氮、粉尘及含有甲烷的合成物。

火星上面有水,但是在火星表面以下。那里的气压太低,即使冰融化了,也会立刻蒸发——也许在过去气压会高些,可以让液态水存在于其表面。金星太热,水只能以气体形式存在,而大气层中只含有极少量的水蒸气。

沸腾

如果把纯水加热到212℉（100℃），它就会迅速散发蒸汽。我们把这种现象叫做沸腾。水在这一温度沸腾，条件是周围大气压必须是相当于海平面气压的平均值1 013.25毫巴（相当于100千帕，29.5英寸汞柱或75厘米汞柱，每平方英寸14.7磅；注：1 000毫巴=1巴）。如果低于此气压，那么水的沸点就会低一些。西藏人喜欢喝滚烫的热茶，他们居住在海拔1.2万英尺（3 660米）以上，那里的平均气压是660毫巴左右，因此，水的沸点就是190℉（88℃）左右。反之，如果气压升高，那么水的沸点就随之升高。

即便是处于海平面气压值，也必须是纯水才可以在212℉（100℃）沸腾。如果水中加入了其他物质，那么它的沸点就升高。然而，水具有如此强的溶解力，在自然界中，它不会以纯而无杂质的形式存在。所以，当你想烧开普通的饮用水时，如果你精确测量水温，就会发现，水温比所谓的沸点要高些。比如海水，它就在213℉（100.56℃）时沸腾。

蒸发、凝结、融化、凝固、升华与凝华

任何温度下，水分子都可以进入空气，并不是只有沸水才可以。如果你把一碗水放在雨水浇不到的地方，不加盖，你会发现水逐渐减少直至完全消失。阵雨过后，街道潮湿，但过不久就会变干。碗里的水和街道上的水并没有沸腾，它们只是蒸发了。蒸发是水从液体向气体的转变阶段。水要蒸发，必须具有一定的能量将黏合在一起的分子分离开来。这种能量就存在于潜热中。

在空气与水表面的交界处，水分子不断地逃离到空气中，而空气中的分子也相继进入水中。这样，就形成了一个薄层，叫做"边界层"，主要由水汽及紧贴水面的空气构成（参见补充信息栏：分压及水汽压）。水分子是否能越过这一层，进入到层外的空气中去，某种程度上取决于空气对水面压力的大小。某一区域内的气压是这个区域上所有空气的重量。比如在海平面，这种压力大小为每平方英寸14.5磅（每平方厘米2.6千克）。压力越小，水分子就越容易逃离到空气中去。

水分子是否可以进入空气中去，这也取决于空气中现存水汽的密度。空气所能容纳的水汽数量是有一个限度的。如果达到这一限度，那么边界层就饱和了。这时，水分子就无法进入了，除非同等数量的水分子离开了边界层。如果离开水表层的水分子数量同进来的水分子数量正好相等，边界层即饱和。如果离开边界层的水分子数量比进入的数量多，边界层处于不饱和状态。此时，液态水继续蒸发为水汽。如果水分子数量超过了这个饱和限度，某些水汽就要凝结为液体。凝结是从气体向液体的转化阶段，这个过程释放能量。

补充信息栏　分压及水汽压

大气对陆地及海洋表面施加一种压力，其大小由空气的重量所决定。空气是各种气体的混合物，因此，这个压力就是每种组成气体所施压力的总和。设想你拿着一袋杂货，你所承受的总重量就是每个物品的重量与袋子重量的总和。同样道理，大气的压力或重量就相当于它所包含的各种气体的重量之和。

空气中氮气约占78%，氧气占21%。空气所施加的总压力中，78%是氮气施加的，21%是氧气的。如果压力是1 000毫巴（相当于100千帕，14.5磅/平方英寸，或29.5英寸汞柱），那么氮气的压力为780毫巴（78千帕，11.3磅/平方英寸，23英寸汞柱）。这就是每种气体的分压值。同样道理，装在容器中的气体对容器壁也造成一种压力。如果此气体是其他几种气体的混合物，那么每种气体成分都会施加分压，分压大小同气体成分所占比例成正比。

水汽也是气体，因此，作为空气的一个组成部分，它也会施加分压。而水汽施加的分压又被专门称作水汽压。水分子总是不断地从敞开的水或冰表面逃离到空气中。这些水分子加入到空气中已存在的分子的行列，进而加大了水汽压力。另一方面，水汽压也会驱赶水分子进入外露的冰、水表面。这样，就形成了双向运动，水分子不断地进进出出。如果水分子进、出空气的速度相同，就不存在水汽压获得净损失之说了，水汽的浓度也就无从增加。这时水汽处于"饱和"状态。尽管我们通常说空气饱和，而事实上是水汽饱和了。

空气饱和以后，多余的水汽并不总是立即凝结成液体。如果有一些叫做"云凝结核"的小粒子存在，那水汽就容易凝结了，因为水汽要在这些小粒子上才能发生凝结。如果有适当数量的云凝结核，那么水汽会在空气达到饱和之前就凝结；反之，如果没有云凝结核的存在，空气中水汽的数量就会稍稍超出达到饱和状态时所需的数量。这是一种超饱和状态，在云中较常见，但超出的数量通常不及饱和数量的1%。

当温度降至32℉（0℃）时，液态水就会结成冰。换句话说，是水凝固了。只有当水是纯水时，才会在这个温度下凝固。溶解在水中的物质降低了它的冰点，比如海水的冰点低些，是28.6℉（-1.91℃）。

这个规律适用于较大的水体，比如海洋、湖泊及水潭之类的，但对于小水滴可能就不那么管用了。如果一个云滴在冷空气中缓慢降落，它的温度可能会降至冰点以下但却没有结冰。这叫"过冷空气"（温度降低到冰点以下但没有空气中的水变成冰）。当温度降至零下5℉（-15℃）至-13℉（-25℃）时，云滴才会凝固。但还有一个条件，就是必须有凝固核这种粒子的存在，云滴才会形成冰的结晶。在实验室条件下，那里的空气可以净化到不含任何凝固核。这种状况下，水滴要被冷却到-40℉时才开始凝固成冰。

水也可以不经历液态而在固态和气态之间直接转换。当冰块在冷冻库中放置时间过长时就会出现这样的情况。水分子不断逃离冰块表面，进入到空气中，冰块就变得越来越小。这个过程叫做"升华"。与之相反的过程，即水汽不经液态变化，直接结成冰的过程，叫做"凝华"。白霜就是这么形成的。

空气中含有的水汽数量随着空气温度的变化而变化。暖空气中水汽的数量比冷空气多。空气中水汽的数量和该空气达到饱和时含有水汽的数量之比，叫做"相对湿度"（RH）。它以百分数形式出现，随温度而变化。例如，空气在40℉（4℃）时饱和，此时水汽含量等于饱和所需的水汽数量，相对湿度值为100%；而同样数量的水汽在60℉（15℃）

时,绝对湿度值仅为24%。如果空气没有达到饱和,表面的水就会蒸发到空气中。在海洋、湖泊以及潮湿的地面上都会发生蒸发,将水变成水蒸气形式。

补充信息栏 湿度

空气中包含的水汽数量随空气温度的变化而变化。暖空气包含的水汽数量比冷空气多。空气中存在的水汽数量的多少叫做空气的"湿度"。测量湿度有几种方式。

其中之一是绝对湿度。绝对湿度是指单位体积空气中水汽的质量,常用克/立方米=(0.046盎司/立方码)做单位。温度及气压的变化会改变空气的体积,这样,在未添加或减少任何水汽的情况下,单位体积的水汽数量也要发生变化。但是绝对湿度这个概念没有把这一点考虑在内,它与湿度和气压变化导致的湿度变化无关,因此它并不是一个很有用的概念,极少使用。

相比之下,混合比这个概念更为有用。它是指空气中水汽的质量与单位质量干空气之比,干空气指除去水汽后的空气。比湿这个概念类似于混合比,但它是空气中水汽的质量与单位质量空气之比,此处的空气包括水汽。两者的单位都是克/千克(比如1千克空气中有40克水汽,那比湿就是40克水/千克空气)。由于空气中水汽的数量很少,通常少于空气质量的4%,因此混合比与比湿是几乎一样的。

我们最熟悉的测量单位就是相对湿度。你可以从湿度计上直接读到，或查看一览表后得知这个数据，你也可以从天气预报中听到这个名字。相对湿度是以百分比形式表现出来的，是空气中水汽的数量同该空气达到饱和时含有的水汽数量之比。当空气处于饱和时，相对湿度为 100％（百分号通常省略）。

蒸腾

水分也会通过植物叶子进行蒸发，即使是在叶子极干燥的情况下也会蒸发。植物通过根来吸收水分，然后用水把它们所需的营养物质从地下输送到植物细胞中。这些营养物质是氢的来源，在光合作用中，氢是用来制造碳水化合物的。此外，营养物还可以使植物细胞及组织变得坚固。水在植物体内不停流动，到达叶子时，通过其表面的孔，即"气孔"蒸发出去，这一过程叫做蒸腾，它使更多的水蒸发到空气中去。

尽管水从地面或其他水体蒸发的速度容易测量，但测量植物蒸腾的速度就比较难了。要想在户外单独去测量蒸腾速度，几乎是不可能的，因此，两个过程通常放在一起考虑，叫做"土壤水分蒸发蒸腾损失总量"。

云

当水汽混入空气时，它会随空气而移动。洋面上方的空气可能会漂洋过海，来到陆地，水汽也就随之而来；陆地上的干空气也可以飘到海面上来,部分海水就会蒸发,然后进入空气,继而某些水汽被带往上方。空气温度随其高度的增加而降低。所以,假定某一特定体积内水汽数量不变,那么相对湿度就会随着海拔高度的增加而增加。如果空气中的水汽达到了一定数量,就会凝结成滴,在某一高度时形成云。这一高度叫做抬升凝结高度,指水汽在抬升的空气中开始凝结时的高度。在这一高度上,我们可以知道云底,即一块云的单体或一层云的最底部高度。

云滴很小,所以下落速度较慢;稍重一点的云滴从云层的最底部滴下,遭遇云底以下的干空气时,便又蒸发了。云滴在垂直走向的气流中,既可以上移也可以下落。大多数在到达一个温度在冰点以下的高度范围时,结晶成冰。它们往往会黏在一起,形成雪花。在雪花下降的途中,可能会遭遇暖空气,这时它们就会融化。多数雨都是雪在下降途中融化后形成的,即便是盛夏时节也是如此。云滴在下降过程中,就像窗玻璃上的水滴一样,彼此撞击,然后黏合在一起。待到它们足够大时,就可以一路落到地面上来而不被完全蒸发掉。如果云层中以及云层以下的气温降至冰点以下,那么雪花当然就不会融化了,降雪就开始了。

陆地是如何排水的

如果你观察降雨的过程,你会发现雨滴降落到地面以后,很快便消失了。地面上可能会形成小水潭,也会有小溪流顺着带斜坡的路面流动。通常,降雨停止后,地面很快就变干了。那么水究竟到哪里去了?

一部分水在降落后几乎立刻就蒸发了,重新成为水汽而返回到大气中。蒸发的水量大小取决于空气的相对湿度(参见补充信息栏:湿度），而相对湿度的大小又取决于空气温度的高低。所以，天气温暖时，雨水蒸发得就多一些；天气多风时，雨水蒸发得快一些。这是因为风能够不断地把地表附近的湿空气吹走，把干空气吹来，便于雨水的蒸发。

还有一部分雨水会顺着地表流走。通过这种途径排放的水量的大小主要取决于降雨的强度和持续时间的长短，以及地面的坡度和地面构造状况。建筑物和城市街道表面都是坚固的水泥石头之类的，密不透水，所以水落到上面之后不会被吸收，而是沿着它们流动，流入下水道，然后排放。这种雨水叫做暴雨水（虽然之前下的可能只是阵雨，远远称不上风暴）。下水道将雨水排放到污水处理工厂，同污水混在一起进行处理，或者是直接排放到最近的河流或海洋中去。当雨降落的速度比水渗入土壤的速度快或者是当大雨滴击碎了土壤表面时，微小的土壤粒子填满了所有缝隙，在土壤表面形成一个冠状层，使水无法渗透。这两种情况下，水会在土壤表面停留而不会渗入地底。然后，水逐渐集结到地面最低洼的部分，形成小溪流。溪流不断汇集，最终流入大河。

如果河流的水量超过了平时水量，叫做"泛洪"。这个术语来源不详，可能是来自荷兰语Spuiten，表示"泛滥"之意。当河流处于洪汛期时，水流快速猛烈，漩涡重重。河水也变得浑浊，呈土棕色。这是因为水里卷入了许多泥土的缘故。当雨水落到土壤表面时，也随之冲走了许多土壤颗粒。水流汇入大河时，已经冲积了大量的土壤，足以使河水变色。

雨降落时力度有多大

植物可以保护表面土壤。落到植物上面的水大部分从其叶及茎部直接蒸发出去，不再落地。阵雨过后，灌木丛下的地面几乎和以前一样干，而没有植被覆盖的地方，地面是湿透的。从植物上面流下的水，其速度也比较慢,只是轻轻地从叶子流下或沿茎落地,而不会直接砸到地面上。

流经植物后落地的雨水与从天而降、直接落地的雨水是有很大差别的。真正的大雨,比如在雷暴期间,雨水降落时都伴有很大的力。有些雨滴的降落速度是每小时20英里(32公里)。如果雷暴期间1小时内降水达2英寸(50毫米),那么每英亩地面受力20 MJ/公顷(6百万英尺磅)。(1英尺磅相当于把质量为1磅(0.454千克)的物体移动1英尺(30厘米)的距离所需要的力;1英尺磅=0.356焦耳;1 MJ=100万焦耳)。雨滴将泥块击碎成一个个小颗粒,这些小颗粒能被溅起2英尺(60厘米)高,5英尺(1.5米)远。

如果土壤被植被覆盖着,地面几乎不会形成水流。但是没有遮盖物的地面就不一样了。大雨降在光秃秃的山坡上,雨水很快就会流入下面的山谷中,同时冲走大量土壤。所以,如果对山坡上的植物(尤其是树木)进行乱砍滥伐,就会导致山洪的发生,也会造成严重的土壤侵蚀。

土壤中的水

通常来说,雨水会渗透到土壤中去。土壤中包含岩石中分离出的粒子以及腐烂的动植物成分。枯叶、枯枝、枯根、动物粪便以及动物死后的尸骸,甚至连大量的真菌类以及其繁衍出的细菌,这些都是构成土壤的重要成分。

土壤粒子紧密地结合在一起,但粒子之间总还是会有一些空间。空间有多少、有多大,这取决于粒子的大小与形状。黏土粒子结合紧密,粒子之间几乎没有多少余缝。这是因为黏土粒子表面是平的,一个一个地重叠在一起,而且每个粒子都很小,直径不足4微米(1微

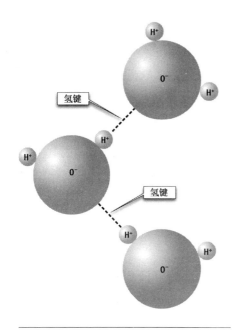

图6 此图为氢键，氢原子所带的正电荷与氧原子负电荷之间的引力形成了连接水分子的键。

米 = 0.001毫米 = 0.00004英寸）。换句话说，要5000个黏土粒子一个挨一个地排放在一起，长度才可达到一英寸。相比之下，沙粒直径长得多，一般为0.002~0.08英寸（62.5~2000微米），形状极不规则。由于沙粒比黏土颗粒大，所以沙粒之间的缝隙也大。当土壤干燥时，土壤粒子之间的空隙由空气来填充。当水在重力的拉动下不断下渗，流经粒子空隙时，便由水来填补这些空隙。

水分子有两极。从它的构造可以看出，两个氢原子是在氧原子的同一方向上。穿过每个氢原子的中心画两条直线，它们在氧原子中心处相交，成104.5°角。这种构造使水分子中氢原子的一边带正电，氧原子的一边带负电。由于正负电荷平衡，水分子就不带电了，但它有正负极。所以，如图6所示，一个水分子的氧原子一边和另一个水分子的氢原子一边相互吸引。这种引力叫做氢键，它可以把液态水和固态水的水分子彼此连接起来（在气态水中，水分子是彼此孤立的）。

然而，氢键是很脆弱的。如果水分子同其他带电分子进行接触，那么氢键就会断裂，水分子就会更紧密地同带电分子结合在一起。土壤中的矿物质颗粒表面就有带电分子。所以，当水进入极度干旱的土壤时，只有几个分子厚的一层薄水就会迅速扩散到这些粒子的表面。水被粒子表面吸收，成为贴附水（见图7）。贴附水是不轻易移动的，唯一移动它的方式就是加热土壤——把它长时间暴晒于强烈的阳光下或放

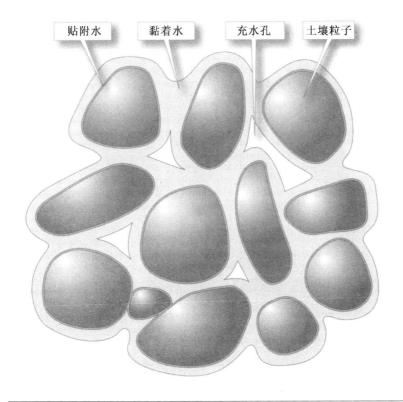

贴附水　　　　黏着水　　　　充水孔　　　　土壤粒子

图7　土壤水

贴附水形成了几个分子厚的薄膜层，紧紧吸附在土壤粒子上。而黏着水仍由氢键连接着，它可以在土壤中自由移动。

在滚烫的炉子里。水被吸附出去的过程中会释放热能。所以,当你把刚在炉中加热过的土放在手掌上时,你会感受到热量。

在贴附水层之外,土壤粒子之间的水分子仍旧由氢键连接着。水分子之间彼此黏合一起,这叫黏着水。黏着水可以轻易地在土壤中移动。在图7中,贴附水与黏着水填充了土壤粒子间的部分空隙,但是在某些水无法渗入的空隙中,只能由空气来填补了。

构成土壤的粒子并不是同一类型、同样大小的(如图8所示)。图8-A中的土壤由大粒子构成,粒子之间有较大空隙,水可以迅速流入。在图8-B中,大粒子之间的空隙多数由小粒子填充了,这就给水的进入带来障碍。在图8-C中,土壤粒子大而多孔,所以它们可以把水吸收到里面去。当这些带孔粒子饱和时,水也可以轻易流到土壤空隙中去。由于土壤粒子能够保留其吸收的水分,土壤将会一直保持湿润状态。只有当土壤粒子之间空隙中的水排出以后,它才会将吸收来的水分释放出去,这样就为植物的根提供了源源不断的水。

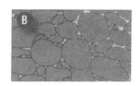

图8　土壤粒子大小及其排水状况

图A大粒子,水可以轻松快速通过。图B大粒子,缝隙中塞满小粒子,水流得缓慢些。图C中是带孔的大粒子。这些粒子本身要吸水,但它们饱和以后,多余的水就可以轻易快速地进入土壤缝隙中了。

地下水以及地下水面

最后,土壤粒子之间的所有空隙都会被水填满。此时土壤达到所谓的"田间排水量"的最大值,不能再容纳更多的水了。与此同时,地表上的水不断下渗,地下的水也在不断排放。此刻,水仍旧要受重力的影响,不停地向下渗,直到最后到达了一个不透水的物质层。这物质层可能是地下一块坚固的岩石,或是一块密密实实的黏土。水无法穿透这些物质,只能在它们上面汇集起来。

一段时间过后,这些物质上面的土层就会达到完全饱和状态,所有的粒子缝隙中都装满了水。所有土质的土壤中都会有这样的水层,就连沙漠中也有,只不过沙漠中的饱和层可能距地面更远。饱和层中包含的水就是地下水。岩石层或其他不透水的物质层通常都不是水平的,这样水就可以向下流动。此时水的流速较慢,因为它只能在土壤粒子之间或附近流动。流动快的地下水一天之内可以流几英尺。但是如果它是在一种密度较大的物质中流动,或者物质层的坡度比较小,它流动的速度就很慢,可能一个月才几英尺。

饱和层上面的土壤层不会处于永久饱和状态,这两层之间的界线就是地下水面。地下水面是地下水层的水面。它和河流湖泊的水面不同,因为它的水都是浸透在土壤粒子之间的,所以也就很难精确地界定它(见图9)。

如图9所示,下雨时,水不断渗过上层土壤向下流动,直到这层土壤达到了它的田间排水量的极限。多余的水继续排放,进入到饱和层。如果此时雨还在继续,那么饱和层中的水就会越集越多。地下水向水平方向流动缓慢,因此无法及时排出。在饱和层逐渐加厚的同时,地下水面也在不断升高。当地下水面接近地表面时,上层土壤已经吸足了水。最后,无法排出的水在地面凹处积聚起来,不久又漫延到平坦处,这是水灾泛滥的一种表现。

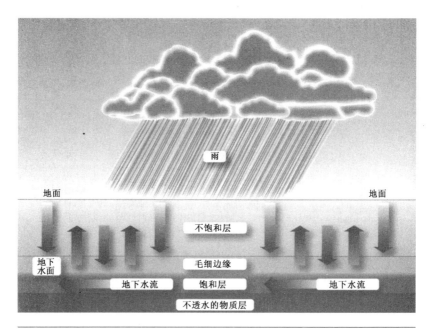

图 9 地下水

雨水经过土壤向下渗透,到达地下水层。地下水在水平方向上流动。如果降雨持续,地下水层中的水无法及时排放,地下水面就会升高。

毛细作用

雨停止后,潮湿的地面开始蒸发水分,土壤逐渐变干。为了填补因上层水分蒸发而产生的粒子间空隙,下面的水就被输送上来。接下来,输送上来的水也被蒸发掉。最后,上层土壤变得很干(不饱和状态),粒子间的空隙由空气来填充。这时水开始穿过几英寸厚的毛细边缘层,从地下水面向上移动。

毛细作用,或称毛细运动,是指水在穿过极窄的通道过程中的运动。吸墨纸吸墨就是毛细作用的表现。在液态水中,水分子彼此吸引,每个分子个体都受到周围分子的吸引。来自各个方向的引力都是同样大的。但是,处在最外层的分子却不同,因为它们之上再没有其他水分子。所以,它们只受到旁边以及下面分子的引力。这样,表面水分子之间互相吸引,紧密结合,产生了表面张力,可以支撑一些昆虫的重量。

池塘或水池之类的较大水体,由于所受重力远远大于其他力,所以水面平坦。但是,对于体积小的水来说,比如小水滴,表面张力会把水面拉动成球状。这是因为体积不变的情况下,球体的表面积最小,用来维持这种形态所需的能量也最少。

还有一种引力,存在于水分子的正、负电荷(水分子中氢原子的一端带正电,而氧原子的一端带负电)与土壤表面分子的电荷之间。下面的4个图解分别表示窄管中的水在两种力的作用下所表现出的水面状况。水分子被吸引到管壁附近,有一些还沿管壁上移一些,这样水面就呈凹状(见图10-A)。接下来,在表面张力的作用下,水面又恢复到节能的球状(图10-B),向上凸起。之后水分子可以沿管壁再上移(图10-C),水面再次呈凹状,而表面张力又令它恢复成凸状

图10 毛细作用

（图10-D）。水会像这样持续沿试管壁上移，到达某一高度，这时管内水的重量（重力）超过了水分子与试管表面的引力，水无法再上移。在土壤中，粒子之间的微小空隙，就像窄窄的管道，但不是完全垂直的。水通过毛细运动上移，并且可以移动更远，因为虽然管状空隙并不垂直，却能支撑部分水的重量。

在下次降雨之前，水会不断从饱和层向上输送，进入毛细边缘，然后从那里进入到不饱和层，到达土壤表面附近，最后蒸发。这样，饱和层的水在变少，这一层变薄，地下水面下移。在毛细边缘下，地下水还在缓慢下移，水在土壤中的这种运动可以排放大量雨水，但是并不是任何时候土壤都能高效率地完成排水职责的。有一个条件必须具备，就是要有植物来保持土壤表面，植物的根在地下又能成为排水渠道。在光秃的地面上，如果持续大量降雨，土壤的排水容量就会突破极限。

河流

在地表下深处，自土壤表面排放的水还在缓慢下流。山有顶峰与底部，下流的水当然也有它起始与终结的地方。所有大陆与岛屿都在海平面以上（尽管它们的某些地区可能处于海平面下），这就意味着向下流的水最终会到达一个最低点。在万有引力作用下，水会从陆地排入河流，流入湖泊，最终汇入海洋。

由于山坡所处方向不同，水在沿不同山坡向下流动时，方向也是不同的。某座山通常是众多山脉中的一部分，而这些山的山峰像房屋的屋脊一样，成为水流走向的一个界线，这叫做"分水线"。

　　当空气抬升时，气温便下降。暖空气中水汽比冷空气高，所以降低气温会增加空气的相对温度（RH），即空气中水汽的含量和该空气达到饱和时水汽含量的百分比值。

　　抬升的空气达到某一高度时，相对温度达到100%，空气饱和这一高度叫做"抬升凝结高度"。当空气超过这一高度时，水汽开始凝结成云。云逐渐增大，云滴或冰晶结合在一起，形成雨或雪降落下来。在空气相对湿度低于100%的地方，云不会形成，降水也不会产生（如图11-A所示）。所以，居住在毗邻大山的低地中的人们会享受到风和日丽的好天气。

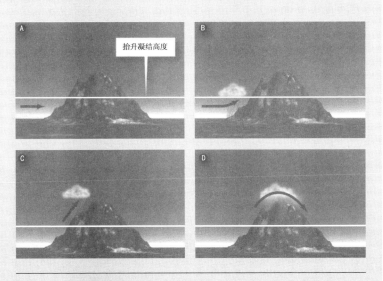

图11　山坡上的降雨量比山下地面降雨量大。

空气靠近大山时，为了穿过高地，受迫抬升，叫做"地形抬升"（orographic lifting，源于希腊语，oros 表示山）。上升到"抬升凝结高度"以上（图 11-B），空气变湿，这时云开始形成，山坡开始降水。随后，空气继续上升（图 11-C），云也逐渐增多，降水也随之增强，但这只发生在山坡，而低地周围还是晴好天气。

当抬升的空气到达山顶时，它或者继续抬升，或者沿另一面山坡（背风面）下降（图 11-D）。如果继续抬升，它最终会因失水而无法维持降雨，尽管此时云可能已在背风坡扩散开来。如果空气下降，它最终会再次降至抬升终结高度以下，此时降水停止，云滴蒸发，云也随之消散，最终结果就是山坡降雨量比山周围低地降雨量大。

排水流域

雨水不仅降落在分水线上，也降在山坡上。地下水从地下分水线下流的同时，也汇集到更多自斜坡流下的水，最后水到达低地，从那里排放出去，这就形成了排水盆地，英国称为集水盆地。

水不断从排水盆地流下，又不断汇集。地下水量也随之增加，地下水面上升，在某些区域上升到与地面一致的高度。不久，水溢出地面，在地势最低处集结起来，溪流也就此形成。最初溪流很小，水源源不断地流出后，冲走碎石及松散土壤，为河流的形成开辟了道路。在排水盆地最底部，许多小河汇集成一条较大河流，流入大海。

　　邻近的排水盆地在高地处的分水线相汇合后,形成了排水盆地系统,可以排放整个流域的水。比如美国,大多数毗邻地区的排水任务都由一个网络来完成,这个排水网主要包括哥伦比亚河、科罗拉多河、佩科斯河、阿肯色河、普莱特河、雷德河、俄亥俄河、密苏里—密西西比河水系、里奥格兰德河。从图12可以看出,这个网络覆盖了整个美国。

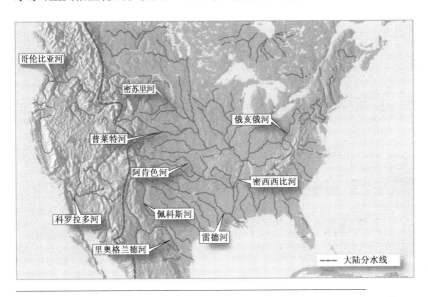

图12　密苏里—密西西比河流域
图中阴影地区基本都是在这个流域内。

　　排水盆地面积可能会很大,其中的河流也可能会很长。在美国密西西比河与密苏里河汇合后,形成了一个水系,为124.37万平方英里(322.118 3万平方公里)盆地地区排水。这个盆地西起落基山脉,东至宾夕法尼亚州(穿过俄亥俄河),北到加拿大边界。图13给出它的大致边界和位置。

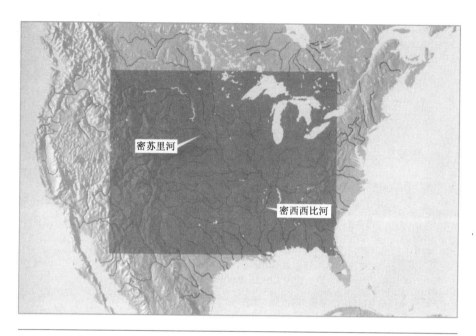

图13 美国的排水体系

　　密西西比河与密苏里河汇合后,全长3 860英里(6 210千米),构成了世界第三大排水系统,平均每秒向墨西哥湾排水62万立方英尺(1.754 6万立方米)。

　　世界上最大的排水流域是亚马逊河流域,面积27.2万平方英里(704.998万平方公里),河长4 000英里(6 440千米),每秒向大西洋排放水量为420万立方英尺(11.886万立方米)。刚果河流域,河长2 716英里(4 370千米),流域面积142.5万平方英里(369.075万平方公里),每秒向大西洋排水140万立方英尺(3.962万立方米)。在世界上的各个大洲,都有类似这个长度的河流。其中最长的是尼罗河,从它的发源地到位于地中海南岸的河口,总长4 157英里。

河流的能量

几千年来,河流沿着最陡的梯度,冲走了河岸及河的沉淀物,镌刻出永久的河床。河水是在重力作用下流动的。河的坡度越大,水流越快。但是,水流速度会因河床的摩擦力而减慢。河水越深,流速越快,因为河床的障碍相对减小了,摩擦力的影响也就减小了。河流的最高流速不过每小时20英里(32千米),但是,流动的水产生的力量是不可小觑的。动能是运动中的物体所具有的能量,同物体的质量以及运动速度的平方成正比(参见补充信息栏:动能)。1加仑(3.8升)纯水重8.3磅。假设你站在及腰深的水中,水的流速为每小时10英里(16公里),水流冲向你的推力可达275磅(125千克)左右。如果水流速度增至每小时12英里(19公里),这个力就会增加到396磅(180千克)。如果这时你没有牢固地抓住什么,那么这个力度的水会将你冲走。要知道,当人体浸入水中时,是处于失重状态的(因为人体密度接近水的密度,所以浮力为中性),所以,如果你身体的一半浸入水中,你的体重相当于减少一半。

只要水流速度保持正常,河流本身能够顺利将水输送到特定地点,但问题是水流并不是一成不变的。河流分水岭的上半部分位于冬季雪线之上的山脉中,春季雪融后会有大量的水涌入排水流域。如果当年降雪大于往年,那么涌出的水量足以使山谷中的河流泛滥。水量大小可以通过计算降雪系数预测出来,即这个水域的平均降雪量深度(这个深度要用雪融后水的深度表示,大致是雪厚度的1/10)除以年降水总量所得的值。

动能（KE）是运动的能量，等于运动物体质量乘以运动速度的平方后除以 2 所得的值。用公式表示为 $KE=1/2mv^2$。如果公式中 m 用千克表示，v 用米／秒表示，那么算出的结果用焦耳表示。如果一个物体质量是用磅表示的，速度用英里／小时表示，要计算它的动能，公式就要稍加改动，变为 $KE=mv^2\div2g$。此处速度 v 要改成英尺／秒的形式（英尺／秒＝英里／小时×5 280÷3 600），g 的值为 32（用英尺／秒形式表示出来的因重力而产生的加速度）。

大陆性气候和海洋性气候

降雨的季节性波动也会影响到河流中的水量。河水在哪个季节涨落取决于这一流域的气候类型。夏季降雨多，是典型的大陆性气候的表现；而冬季降水多，则属海洋性气候。想要判断是哪个气候类型，可以把年均总降雨量分为夏季降雨量（北半球为4—9月）和冬季（10—3月）降雨量两部分，然后用冬季降雨量去除夏季降雨量。如果所得值大于1，说明这是大陆性气候；如果比值小于1，说明是海洋性气候；如果在1和1.5之间，那这个地方的气候则是在二者之间转换的。在美国的堪萨斯市，这个值为2.2，说明它是强烈的大陆性气候。在西雅图市，这个比值为0.3，明显是海洋性气候。纽约市的比值为1.0，说明它的气候是在大陆性气候与海洋性气候之间不断转换的。

气候也影响到河水流动。如果夏季干燥少雨,往往天气酷热。由于少雨,流入河中的雨水少了;由于高温,水蒸发速度快了,所以进入河里的水就更少。如果冬季降水比夏季多,河水还可以维持正常流动。

如果雪融水也汇入河流,那么这条河水量的季节性变化会更大。落基山脉的雪在春夏季融化后,水流入密苏里河,同夏季雨水交汇在一起。在密苏里河流速最慢的地方,水流速度是每秒4 200立方英尺(119立方米);流速最快的地方,速度为每秒90万立方英尺(2.547万立方米)。

季风性洪水

季风会给人们带来最极端的季节性气候变化。非洲部分地区及北美洲大陆东岸都属季风区,尤以南亚最为明显。季风分为夏季风与冬季风两种。冬季干燥寒冷的风由大陆吹向海洋,而夏季风则风向相反,并伴有强降雨(季风monsoon一词源于阿拉伯语"季节")。泰国北部省份南奔省清迈市年均降水量为43英尺(1 092毫米),其中39英寸(991毫米)是在5—10月之间的夏季季风期降下的。2001年的季风造成泰国北部及东北部八个省份洪灾泛滥,其中包括南奔省。尽管水灾前已发出警报,还是有村民拒绝撤离,结果造成一百一十多人死亡。

韩国首都汉城年均降雨49.2英寸(1 230毫米),其中7、8月份降雨量为25.3英寸(643毫米),而这两个月份正是季风高发期。季风通常会带来强降雨,继而引发洪水。1999年的夏季风就引发了多国洪水,包括韩国、朝鲜、柬埔寨、泰国、越南、菲律宾、尼泊尔、印度、孟加拉和中国。死亡人数合计为一千五百多人。

1998年8月，汉城一夜之间降雨25英寸（635毫米），引发大水，一百三十多人死亡。1996年7月，在韩国与朝鲜边界地区，3日内降水21英寸（533毫米），伊川和汶山两个镇几乎被完全淹没，五万多人被迫逃往高地地区。而且，大雨还引发泥石流，造成四十多人死亡。同一季风也引起恒河与布拉海姆普特河泛滥，孟加拉国有500万人居住的房屋被损毁。到7月中旬，印度阿萨姆邦已有六十多个村庄被洪水淹没，当地政府搭建了120个营地安置无家可归的人们。

在中国，始于1996年6月末的夏季季风，到7月8日为止，已给浙江、湖南等省部分地区带来了深达20英尺（6米）的洪水。有1500人死亡，2000万人的财产遭受损失，250万英亩（100万公顷）庄稼被毁。800万军民被动员起来，抗洪减灾，加固堤防，巩固长江沿岸的防洪堤。据中国政府估算，此次水灾造成损失达120亿美元。

当一条较大河流水量严重超出水位时，其影响可在支流中感受到。此时水流湍急有力，足以推动支流中的水，使支流也告急。

冰坝与暴风雨

不仅季风气候可以引起水灾，其他因素也可以。勒拿河（见图14）发源于贝加尔湖向北流，穿过东西伯利亚，流入拉普捷夫海。在冬季，勒拿河会冻结，2000—2001年的冬天，北半球大部分地区都比较冷，西伯利亚更是奇冷无比。温度连续几周都在–58℉（–50℃）以下，河水冻结。在2001年春季，南部地区的融雪增加了勒拿河的水流量。2001年5月，河水被巨大的冰块阻住，形成冰坝。几乎整个连斯克镇（人口2.7万）被淹。尽管有些人已经撤离，还有部分人被困屋顶。洪水也威胁到连斯克东北部525英里（845公里）处的雅库茨克市（人口20万）。俄

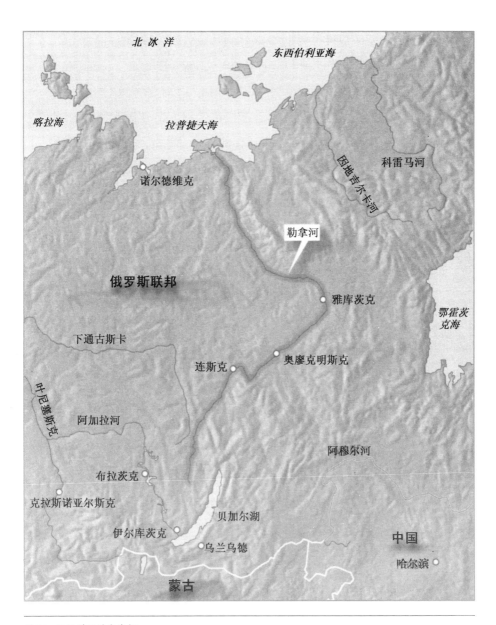

北冰洋

东西伯利亚海

喀拉海

拉普捷夫海

因地吉尔卡河

科雷马河

诺尔德维克

勒拿河

俄罗斯联邦

雅库茨克

鄂霍茨克海

下通古斯卡

连斯克

奥廖克明斯克

叶尼塞斯克

阿加拉河

阿穆尔河

布拉茨克

克拉斯诺亚尔斯克

贝加尔湖

中国

伊尔库茨克

乌兰乌德

哈尔滨

蒙古

图14 西伯利亚的勒拿河

罗斯政府决定派战机投掷炸弹,将冰坝炸毁,使水得以继续向北流动。然而,由于大雾笼罩,轰炸机和直升机无法升空,洪水淹没了雅库茨克市一半的面积。好在最后冰坝被炸毁,情况才没有继续恶化。同连斯克、雅库茨克一样,一些西伯利亚城市也受到2001年洪水的影响,克林斯克完全被水淹没;而尤斯库特有80%建设物浸入水下,连斯克镇1998年也曾遭遇洪水,但这次是一个世纪以来最为严重的。

猛烈的风暴在任何地区都可能引起洪水。1996年7月,在亚洲遭受季风性暴雨的同时,加拿大魁北克省南部地区,距蒙特利尔市北约200英里(322公里)处,两天之内降雨11英尺(279毫米),造成萨格内河及其支流水势猛涨。为了避免因大坝决堤而危害人身安全,拉贝尔地区撤离了1.2万人,其中有3 000人居住在临时搭建的应急帐篷里。同年7月的7、8两日,意大利的马齐奥湖附近地区也遭遇风暴,引发洪水。

水通常沿着最畅通无阻的路线流动,所经之处,冲走松软物质。如遇坚硬岩石,则绕道而行。河道就是在这个过程中形成的,其长短宽度取决于容纳的水的体积。水量的突然暴涨会引起洪水。这里面有一个基本的原理,那就是,水要沿着最易通行的路线往低处流,有时会经过田地、街道,甚至家园。洪水完全是自然界的产物,其造成的损失是巨大的。

泛滥平原及曲流

俗话说,人往高处走,水往低处流。山坡越陡,水流就越快,水流所承载的能量也就越大。事实上,水开始流动之前就已经承载了这种能量。在高水位的水库，除了水面偶尔被风掠过泛起波浪之外，基本是静止的。而水库里的水，在水闸被打开之前，就已经承载了一定的能量，这种能叫做"势能"，是有待于被利用的能量。高水位的水所具有的势能叫做"抬升势能"，同水的质量及它的相对高度成正比（相对高度通常指相对于谷底或海平面的高度）。

势能是依据物体所处位置或机构状态而储存在其中的能量。任何一个物体，如果被抬升到一个高于它要降落之处的高度时，它都有势能。书架上的书就有势能。如果有人将它撞倒，它会落到地面，那么它从书架到地面的运动中，把势能转移到地板上，地板吸收能量后就会变热。但这个能量太少，有时是感觉不到的。

河流中的水与书架上的书有所不同。水并不是倾泻直下的，水流的路线类似于你骑自行车下坡时的路线。你从坡顶开始蹬车，用的力并不大。在你到达坡下平地之前，你的速度是取决于坡的长度和倾斜度的。同样道理，如果你想计算水流的速度，那你除了要知道水的质量外，还要了解另一条信息，即水在水平方向上流多远，在垂直方向上又流多远。简言之，就是要了解河床的梯度。

河流梯度

多数河流发源于山顶。由于山的顶峰处山坡陡峭，所以坡度较大。水从发源地向下流的过程中，主要是垂直方向流动，所以在此过程中积攒了大量的能量。山顶上的水并不多，而山上的岩石也不容易被水穿透，所以即使水流湍急，也只能在坚固的岩石之间穿出窄窄的渠道。

在山上的水流到平原的过程中，不断有小的支流及地下水汇入，所以河里的水量激增。在平原地区，河床的坡度比较小，水主要是水平方向流动，所以速度减慢。另一方面，由于水流量的增大，流经之渠道也就加宽了。

在河床坡度极小的地方，水在向前流动的过程中几乎没有垂直方向上的流动，平原上河流的堤岸又不是用坚固的岩石构成，所以遇到漩涡，水流就可能改变方向。河岸或河床中不规则的地方往往会出现漩涡，水流不再通畅，这种流叫做"湍流"。如果水流通畅，水都以同一速度朝同一方向流动，这叫"平流"。

大门德雷斯河

湍流可以使河道强烈弯曲。土耳其西部的大门德雷斯河（见图15）

图15 土耳其的大门德雷斯河
"曲流"这个词就是由这条河产生的。

在流入爱琴海过程中，要多次曲折蜿蜒。在某些地方，河道弯曲的幅度如此大，看起来就像又回到原地，几乎可以形成一个圆。"曲流"这个词源于拉丁语，"maeander"，古罗马人用这个词来表示河道的曲折蜿蜒。

发生曲流作用的河流是在土壤上流动，而不是在坚硬的岩石上。水中携带土壤、淤泥以及大小不一的颗粒。由于平原地区水流缓慢，所以相比之下，水的能量也较少。当河流释放能量时，它也就没有能力去携带固体粒子流动了，所以这些物质就沉淀到河床上。经过几千年的堆积，河床升高，河水就变浅变宽了。

泛滥平原是怎样形成的？

当水沿着弯曲的河道流动时，水流的速度是不一致的。曲线外圈的水比内圈的水流动的路远，但所用时间相同，因为它们要同时到达转弯处。这样，外圈的水流速快些，也因此拥有更多的能量，能够携带更多物质。外圈的水不断侵蚀其流经之地的河岸，而不是对它进行拍击。拍击可以使土壤颗粒结合更紧密，因此会巩固河岸；而侵蚀是把土壤颗粒从河岸中拖出或吸出，然后带到下游，这是液体或气体在流经压缩物时所表现出的一种典型行为，它是18世纪30年代由瑞士数学家、科学家丹尼尔·伯努利发现的（参见补充信息栏：伯努利效应）。

根据伯努利效应，河流转弯处外圈凸起处的河岸被不断侵蚀，而内圈的水流速缓慢，承载的能量少，所以悬浮水中的物质就会在那里沉淀下来。因此，从图16中可以看出，弯处往往变得更加弯曲。结果，就产生了第二个效应：曲流路线形成后，一边河岸的持续侵蚀与另一边的不断沉积推动着整个曲流系统前移,而曲流流经的土地就形成泛滥平原（见图16）。

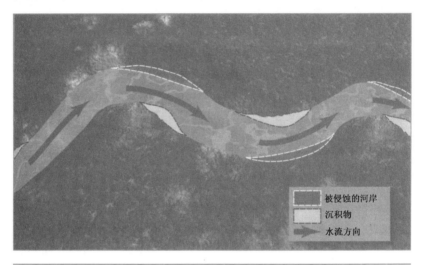

被侵蚀的河岸

沉积物

水流方向

图16 曲流是怎样形成泛滥平原的
每个转弯处外圈的河岸物质被侵蚀后,沉积在内圈处。

补充信息栏 伯努利效应

　　1738 年，瑞士数学家丹尼尔·伯努利（1700—1782）
出版了一本题为《流体动力》的书。在书中，他提到，当流
动物体（液体或气体）流动速度加快时，流体中的气压降低。
做试验时，他让水从管道中水位高的水槽流向水位低的水槽。
结果呢，当然两个水槽的水位是一致的了。但伯努利还发现，
在水流动的时候，水流中的气压同水流的速度有关，用公式
表示为 $p+1/2rv^2=$ 常数，其中 p 为气压，r 为流体密度，v 为

速度。因为 $p+1/2rv$ 的结果是一个常数，那么，只要公式中某一个量变化了，其他的也会相应变化。但是，流体 r 是不可能改变的，所以气压 p 同速度 v 是有直接联系的。如果气压增加，速度就一定减少，反之亦然。

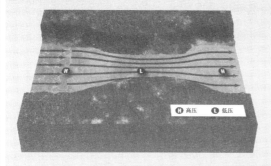

图17 伯努利效应
当流动物体流经瓶颈式的凹陷部位时，速度加快，气压下降。

如果液体流经一个带有凹陷部位(类似瓶颈)的管子(假定流经凹陷部位的液体没有被压缩，因为压缩会增加其的密度)，人们可能立刻会想到，液体流速会在凹陷部位加速。因为液体体积不变的情况下，要在特定时间内通过那里，就必须加速。根据伯努利等式，在通过凹陷部位时，气压要降低。事实也证明了这一点。

泛滥平原的种类

泛滥平原的土壤是河流流经后沉积下来的，形成"冲积层"。泛滥平原的上层土壤都是淤积下来的。一般来说，土壤的构成成分中含有下层岩石中的矿物粒子，但冲积土与地下岩石无关，它是由河流冲积到当前位置的。冲积土中积累了河流沿途的大量植物养分,因此比较肥沃。另外,这个地区通常地势平坦。这样既肥沃又平坦的土地不仅吸引了农民,也吸引了建筑者。所以,泛滥平原往往庄稼繁茂,人口稠密。

然而,居住在泛滥平原事实上是很危险的。曲流系统流动缓慢,有足够时间适应河流位置的变化,而且大量沉积物沉积在河床后,河水会变浅。但是上游水势突然涨溢会造成这一带河水泛滥,泛滥平原可能会突然遭遇洪水袭击,冲毁庄稼,破坏房屋。多年的事实也证实了这一点。在孟加拉国,大部分地区地势低矮,突发性洪水经常发生,往往带来灾难性后果。

图18-A是一类泛滥平原,主河流流经低平的河谷,河谷两边是高地,高地处的一些小河流汇入主河,形成它的支流。这些支流也形成了自己的小面积泛滥平原,泛滥平原的总宽度由最宽的曲流宽度决定的。

这只是泛滥平原的一种,当然还有其他种类。图18-B中的河流看上去像密西西比河。它在广阔的平原上慢慢弯曲流动,曲流的某些分支逐渐从主流中分离出来。当河流因曲流作用而弯曲到一定程度时,环状的两边距离相当窄。在曲流最窄的地方,一条新的更直的河道产生了,而原来的曲流则成马蹄状孤立起来,形成"牛轭湖"(被截断的环状曲流河道)。最后这条河可能分成两个或更多的河道,呈辫状分布。

在图18-C中,地面断裂,多呈突起状。通常是在冰河退去以后,留下了大石头与沙砾等冰川堆石堆积成丘,形成这种地貌。在这里,河水不断分流,在突起的小丘周围形成河渠,然后形成小型的泛滥平原。

尽管曲流形状可能长期内保持相对稳定,但有时也会发生剧烈变化。这样可能会产生图18-D类型的曲流。这种曲流相对于它周围的泛滥平原来说,显然是太小了。事实上,由于河道的改变,曲流方向也

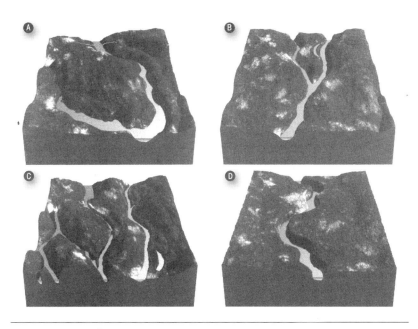

图18 这是在曲流作用下形成的四种泛滥平原。

发生了剧烈变化。

泛滥平原上的生存状况

无论曲流如何分布，它都是存在危险隐患的。泛滥平原平坦的表面沉积下来的肥沃土壤吸引着农民前来种植耕作。然而，河流可能会在无任何迹象的情况下泛滥，淹没田地和房屋。这类水灾完全是自然现象，是河流把多出的水量释放到周围的陆地上，由陆地来完成排水任务。所以，要想阻止泛滥平原发生洪灾是很困难的，甚至产生危险的。

为此，人们可以建造高耸坚固的堤岸将河水圈住。河水既不会溢出，又不会冲破河堤。这样，在泛滥平原的居民们就安全了。但是，人们是要为这个安全付出代价的。大雨或山顶融雪造成河流超出警戒线水位，而超出的水迟早要释放出去，那它自然要流到地势低矮的陆地上去。泛滥平原能像海绵一样吸收洪水，同时也就防止了其他地方泛洪。如果为了阻止泛滥平原发生水灾而将水圈起来，那么多出的水不可避免会抬高河流上游水位。因此，人们保住了泛滥平原的同时，却增加了河流上游附近居民的危险隐患。所以多数科学家认为，阻止此类水灾损失的唯一途径就是告诫人们不要在泛滥平原定居。

暴洪

利恩茅斯和林顿是两个沿海渔村，位于英格兰西南的德文郡。林顿在西，利恩茅斯在东，而林恩河就在此处入海（见图19）。林恩河是由距两个村庄不远处的两条小河东林恩河与西林恩河交汇而成的一条较短河流。两条河中间是艾克斯摩尔。它是位于高地的荒原，现为国家公园，面积38平方英里（98平方公里）。在艾克斯摩尔的北部形成一个高原，叫奇恩斯。东林恩河与西林恩河就从此处流下，流经树木繁茂的峡长山谷，然后入海。高原海拔1 500英尺，而河流从高原到入海处长为4英里（6.4公里），这说明河谷是非常陡峭的。

环境宜人的沿海小村，浪漫的海滩，广袤的荒原以及陡峭的山谷吸引了众多游客。R·D·布莱克默尔笔下的浪漫小说就曾以此为原型。这本小说大大提高了这一地区的知名度，也吸引了更多的游客。然而，1952年8月的前两周，度假者们过得并不舒服。天气太糟糕了。雨并不是每天都下,但几场大暴雨过后,荒原地区就彻底被淹了。8月15日是个星期五,这天雨一直下个不停,天空特别暗,很多屋子都亮起了灯。傍晚时分,雨加剧了。据记载,仅24小时内,某些地方降水7.58英寸(192.5毫米),而有的地方竟高达9.11英寸(231.4毫米)。降水主要集中在15日晚8点至16日凌晨1点之间。据估计,到16日凌晨为止,降水总量约为34亿英吨(31亿公吨),相当于8 150亿加仑(3.087万亿升)。这么多的水都要由这两条河排放出去。

8月15日傍晚7点半,附近运河河水泛滥。运河水注入水力发电站后,发电站也被淹没。晚9点左右,内燃电力应急系统也被冲垮,利恩茅斯和林顿处于一片漆黑之中。此刻,洪水仍在猖獗,两河泛起大浪,浪高可达30英尺(9米)。某些河段,水流量达每秒2.3万立方英尺

图19 利恩茅斯和林顿分别位于林恩河的东西两岸。

53

（651立方米），将近575英吨（522公吨）。来势凶猛的大水顺流而下，卷走大石，继续冲向下游。据估计，总共有大约20万立方码（15.3万立方米）的砂石、泥土及其他碎片残骸被冲卷到下游。西林恩河河谷曾一度被冲积的树木所阻塞。后来，由于水压不断增加，水最后冲垮了树筑的大坝，将树木冲向下游。接下来，惨剧发生了，汹涌的大水冲垮了大桥，冲毁了房屋。

第二天早晨，当村民们来查看现场时，发现沙滩上多了15英吨（13.6公吨）大石，还有4万英吨（36 320公吨）石块堆积在利恩茅斯村里。93所房屋被损坏，或无法修葺，或卷入海中。132辆车被冲走。林恩河河口处，沿岸堆积起无数碎片残骸。本次洪水中，有34人丧生，被划定为周期5万年型水灾。事实上，林恩河过去从未如此泛滥过，因此也就无法进行比较。这次水灾之后，到现在也没有再发生过。利恩茅斯已被重建，重新成为著名的旅游胜地。

洪水突袭

暴洪，顾名思义，总是突然发生，难以预测的。正是由于这类水灾的突然性及其猛烈性，其危险性随之增加。我们可以解释这类水灾发生的原因，但是却难以预测它们。在利恩茅斯的暴洪事件中，连续的降雨致使两条河流水势迅猛，水位升高，但最初没有迹象显示水将漫过河岸。不久，一场暴风雨来临，河流水量增加，破坏了原有的平衡状态，引起暴洪。暴洪的发生机制是容易理解的，难就难在如何预测风暴会引发洪水。这类风暴通常是局域性的，持续时间只有几个小时。如果风暴带来的降水只是降在方圆一、二英里之内，那么雨水会流入海中或降在较大的排水盆地上，这样就不会发生暴洪。

2001年7月，美国西弗吉尼亚州南部也遭此厄运。大雨断断续续下了两个月，土地达到了饱和状态。这一地区以及肯塔基州北部过去曾经发生过几次暴洪。2001年7月8日，一连串的风暴袭来，降水达8英寸（203毫米）。平时，归亚多特河在科林尼处是6英寸（15厘米）深，但暴风雨过后，河水涨至20英尺（6米）。在别处，河水也同样大大超出了警戒水位。由于河水使山路无法通行，警察封锁了马伦镇的入口。在那里，红泥覆盖了路面，涌进了房屋。一辆校车完全被淹没，一些简易房屋漂向下游。当大雨停止时，小镇吉姆堡只剩下沾满泥水的店面残迹了。西弗吉尼亚州共有约3 500所房屋被大水或红泥毁坏。桥被大水冲垮了，路被泥土堵塞了。幸运的是，伤亡人数并不多。西弗吉尼亚州1人死亡，肯塔基州3人死亡。

在洪汛期，河流深度或水流量都超出某一特定范围，国家气象局会发出洪汛警报。在河水不溢出河岸的前提下，河流所能承载的最大水量叫做它的满槽流。如果河流的水量达到满槽流，那我们说它处于满槽水位。满槽水位和危险水位差不多，区别在于使用这两个术语的目的不同。满槽水位是研究河洪的科学家及工程师使用的术语；而危险水位是气象学家常用的，用来发布洪水警报。

干燥气候中的暴洪

暴洪不只发生在土地潮湿多水的地方。在土地干燥的地方，强降雨也可能引起水灾。雨水降落的速度比土壤吸水的速度快得多。所以，多余的雨水就会直接流入已干涸的沟渠中，汇入水流迅猛、流势汹涌的河流，然后流入地势较低的地区，而那里通常是人们聚居的地方。1996年9月2日，苏丹的阿尔盖里镇内，历时两个小时的大暴雨引发水灾。铁路、桥梁及房屋被毁,15人死亡,数千人无家可归。

阿尔及利亚首都阿尔及尔年均降雨量30英寸(762毫米),特点是冬季比夏季降雨量大,11月份大约降水5英寸(127毫米)。然而,2001年的11月却有所不同。事实上,自10月中旬以来,这一地区就已经开始限制用水。连续几周的干旱一直持续到11月。11月9日这天终于下雨了。24小时内,降水达到5英寸,及腰深的泥水漫布整个城市的街道。在巴贝尔奥德这个人口稠密的工人聚居区内,房屋被损毁,多人被埋于碎砖瓦砾之下,其他人被困车中,最终被淹死。由于地面突然进水膨胀,一些建在已干涸的河床上的违章建筑倒塌。沙砾碎石被冲入下游,冲到市区。此次水灾中共有七百五十多人死亡。在水灾之后的清理工作中,人们总共移走了将近7 100万立方英尺(200万立方米)污泥。

剧烈的风暴带来短时间内强降雨时,只要降水达到一定量,就可能引发水灾。达到了这种强度的降雨称为"大暴雨",即一种突发的非常强的阵雨。风暴来临之前,空气温润潮湿。(比如在利恩茅斯这个事例中,时值夏季多雨,地面潮湿,当然空气也是潮湿的。)如果此时天空开始变晴朗,高层云就会逐渐将其遮住,这叫"砧状云",位于风暴云的顶部,由云的楔形凸出部分组成。通常"砧状云"出现时,天空呈多云或薄雾状,或阴暗下来。此刻,空气已聚集于风暴云的云底处,风会停止。这就是"风暴来临之前的平静"。

不久,天空变得更加阴暗(在利恩茅斯,人们在正午时刻就不得不打开灯)。这是因为,此刻上方的云中结集着密集的水滴,在3.5万英尺(10.7公里)的高空,云遮住了太阳。然后,风再次吹起,天空变晴(尽管那时利恩茅斯已是傍晚时分)。此刻,云中已包含大量水滴。水滴比云滴大得多,也比云滴透明。水滴随着下降气流自云中降下,同时产生了风。如果云达到了一定规模,降雨的同时会伴有雷电。

山体滑坡与泥石流

自陡峭山坡倾泻而下的大水会卷走岩石和土壤。因此,发生水灾时,人们不仅惧怕大水,同时也害怕发生山体滑坡和泥石流。1996年7月,在韩国和朝鲜边界地区,两天内降雨20英寸(508毫米)。韩国兵营就驻扎在这一地带的陡峭山坡上。由于降雨引发了泥石流,某个兵营二十多名士兵被埋。山体滑坡与泥石流还吞没了几个哨所和三个部队单位,其中一个是空军基地。在朝鲜,洪水淹没了大片庄稼。

一周以后,在法国与西班牙交界处的比利牛斯山脉附近,西班牙境内的贝斯卡斯发生了一场暴洪。七十多名度假者死在拥挤的营寨和公园中。在沃根达拉斯,小雨突然演变成暴雨。大水、岩石、泥土不断汇集。混着岩石和泥土的急流冲走了汽车、帐篷、活动房以及露营者。树木也被连根拔起,冲得到处都是。据营救人员描述,他们赶到时,那里的场面就如同战场一样。

与此同时,尼泊尔首都加德满都东北55英里(88公里)以外的一个偏远小村,也遭受了同样的厄运。大雨引发了山体滑坡,卷走了几十间房屋,夺走了四十多人性命。

1996年的夏天还真是多事之秋。除韩国、朝鲜、西班牙以及尼泊尔发生了大规模水灾以外,意大利的马焦雷湖也发生洪水,并引发山体滑坡。加拿大魁北克省的拉贝地区,泥石流淹埋了一所房屋。蒙特利尔北200英里处的萨格奈河泛洪,洪水对两岸造成严重损失。在美国,科罗拉多州的布法罗克里克,南普拉特河突然泛滥,冲垮了一座桥、两条公路。在意大利一处滑雪胜地附近,山崩与泥石流冲击了房屋,岩石与泥土堆满了房间。在英国南部，暴洪使肯特郡的福克斯通部分地区积水6英尺（1.8米）。

事实上，这类水灾每年都要发生。2000年1月在巴西东南部，暴雨引起山洪、山崩，至少28人死亡。同年5月21日，哥伦比亚发生同样事件，二十多人丧命。7月末8月初，巴西东北部又有将近60人死亡。那一年，欧洲也没有幸免。9月10日，意大利的卡拉布里亚发生水灾及泥石流，毁坏了营寨，12名度假者死亡。10月中旬，在阿尔卑斯山的意大利与瑞士交界处，大雨引发洪水及山崩。12月份，东非的北坦桑尼亚遭遇了8年来最严重的大雨，洪水淹没了三十多人。

普特南姆水灾

当暴洪席卷城镇时，注定要造成损失，甚至是巨大损失。利恩茅斯的悲剧就说明了这一点。在全世界范围内，类似利恩茅斯的水灾还有很多。1955年8月，康涅狄格州的普特南姆水灾就是一例。

普特南姆是一个以工业为主的小镇，当时人口八千多人。奎恩拜格河将其截为两部分，河上建有三座桥。8月的一天，暴风雨突袭，降水4英寸（102毫米）。一周以后，飓风24小时内又带来8英寸（203毫米）降水。在普特南姆上游，有几个破旧的大坝。在第一道大坝处，水势猛涨，将其冲毁。水又卷着沙石碎片冲向第二道大坝。大坝陆续被冲垮，释放出大量水，形成水墙，流速每小时25英里（40公里），水浪高出河岸几英尺。洪水在小镇漫延开来，冲垮了3座桥及多条公路，冲毁了铁轨，破坏了小镇1/4的建筑物。当大水冲入装有镁桶的仓库时，镁桶遇水爆炸。燃烧的桶卷入水中，向下游漂去。

一周以后，洪水才退去。据估计，本次水灾造成的财产损失约为

1 300万美元。幸运的是没有人员伤亡。在大坝被冲毁之前,紧急救援人员就已迅速将当地百姓撤离到安全地带。

位于低地地区的较大河流确实也时常泛滥,但其过程并不突然。持续上涨的水面已向人们发出了警报。相反,恰恰是一些小河流,从倾斜的坡上流下后,水量很可能会突然激增,引发灾难性的暴洪。

二

暴风雨

风暴与暴雨

只有一种云会在短时间内输送大量的雨,引起暴洪。这种云叫做"积雨云"。积雨云很厚,它的云底也许距地面只有几百英尺,但最顶端却会高达6万英尺(18.3公里),甚至更高。积雨云的最顶部叫做"雷暴云砧"。这个名字起得很恰当,因为正是这种云产生了雷暴。

当积雨云如巨人一般在上空移动时,天空会阴暗下来。此时路灯要打开,行人们会紧张地望向上空。事实上,积雨云中含有大量水,某些是液态水,还有一些是固态的。水和冰都有些透明,那积雨云为什么会这么阴暗呢?

为了解开这个谜底,你要想象自己是在外太空中,从上方观察风暴过程。积雨云体积大,有"菜花"状云顶，呈明亮、耀眼的白色。你可能在卫星拍摄的照片中见过类似的云，也可能坐在飞机里向下望见过云，但飞机下面的云一定不是积雨云，因为飞行员会小心躲避它。你见到的云之所以明亮，是因为它由冰晶和水滴构成，这两者能反射太阳光。但是，反射的太阳光无法穿过云层到达地面，所以云顶明亮而云底却阴暗。另外，也有一些太阳光深入到云层底部，照射到云中的冰晶和水滴上，被冰晶和水滴反射。当光照射到四周的冰晶和水滴时，又被反射一次。光被反射的次数多少取决于云中冰晶和水滴的密度。云层越密实，被冰晶水滴散射到四面八方的光就越多，到达地面的光也就越少。

云层底部的阴暗程度大小意味着光要穿越的水量的多少。天文学家根据被云层拦截的阳光的数量来计算大气层或云层的垂直厚度。

风暴是怎样形成的

一般情况下，暖空气比冷空气稀薄。这就是说，体积相等的情况下，暖空气中的空气分子含量比冷空气中少。由于暖空气中分子少，那它的质量就相对小些。换句话说，暖空气要比冷空气轻一些。因此，密度大一些的冷空气会下降，而质量轻的暖空气会受迫抬升。

当空气抬升时，它会逐渐膨胀并冷却。上升的气块随着高度的升高而冷却的速度叫做温度直减率（参见补充信息栏：直减率与稳定度）。气块上升后，接下来会怎样变化，这要取决于它是否稳定。如果上升的空气很稳定，它比周围的空气冷却速度快，因此也会变浓密，然后下降到它原来的位置。相比之下，如果气块不稳定，它比周围空气冷却得慢。当气块抬升时，它的湿度一直高于周围空气的温度，也因此比周围的空气稀薄。如果在到达对流和平流层之间的边界层——对流层顶时,空气仍处于不稳定状态,这叫"绝对不稳定"。空气也可能是"条件不稳定"的。就是说,空气在被迫上升到抬升凝结高度之前是稳定的。然后,水汽开始凝结,释放出的潜热使空气增暖并使其直减率下降。更多的水汽凝结,释放出更多潜热。因此,一旦空气被迫抬升后变得不稳定,它就会长久保持这种状态。

补充信息栏　温度直减率与稳定性

随着高度的增加,空气温度递减,这种现象称作温度直减率。当干燥空气绝热冷却时,高度每增加 1 000 英尺(1 公里),温度下降 5.5 ℉(10℃),这叫做干绝热直减率。

当不断上升的空气温度下降到一定程度时,其水汽开始凝结成水滴,这种温度叫做露点温度。而此时所达到的高度叫做抬升凝结高度。凝结时会释放潜热,这样空气会变暖。因此在这之后空气就会以较慢的速度冷却,这叫做饱和空气绝热直减率。饱和空气绝热直减率会有所变化,但平均来说每上升 1 000 英尺(1 公里),温度下降 3 ℉(6℃)。

气温随着高度的增加而递减的实际比率,是通过比较空气表面的温度,即对流层顶的温度(中纬度约 −55℃,即 67 ℉)和对流层顶的高度(中纬度约 7 英里,即 11 公里)而进行计算的。计算的结果叫做环境推移率。

如果环境推移率低于干绝热直减率和饱和空气绝热直减率,上升的空气就会比周围的空气冷却得快,所以上升的空气比较冷，易于下降到低处。因此这种空气具有绝对稳定性。

如果环境推移率高于饱和空气绝热直减率，那么按照干绝热直减率和饱和空气绝热直减率衡量，正在上升和冷却的空气会比周围的空气暖，因此空气会继续上升，这种空气具有绝对不稳定性。

如果环境推移率高于干绝热直减率，但是低于饱和空气

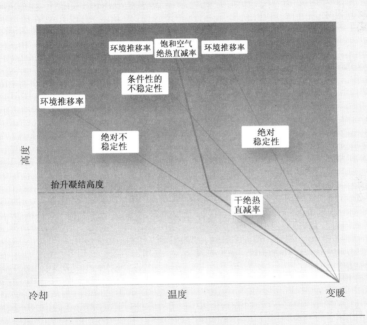

图20 温度直减率与稳定性
如果环境推移率低于干绝热直减率和饱和空气绝热直减率，空气就具有绝对稳定性。如果环境推移率高于饱和空气绝热直减率，空气就具有绝对不稳定性。如果环境推移率低于饱和空气绝热直减率但高于干绝热直减率，空气就具有条件性的不稳定性。

绝热直减率，尽管上升的空气干燥，但它会比周围的空气冷却得快。但是它一旦升到抬升凝结高度之上，就会比周围的空气冷却得慢。最初空气是稳定的，但是一升到抬升凝结高度之上，就变得不稳定了。这种空气具有条件性的不稳定性。如果空气没有达到抬升凝结高度之上的不稳定条件，它就具有稳定性。

风暴积雨云只能在不稳定的空气中形成。云下方的地面或海面必须是温暖的，因此风暴常在午后发生，很少在上午发生。当不断增大的云层的云顶冷却时，其下面的空气就会上升。这种情况下，晚间也会形成风暴。此外，风暴形成前，空气应该是潮湿的。在美国，墨西哥湾上空的暖湿气团向北飘移，移至陆地上的干气团之下。当暖湿气团遭遇自北而来的冷气团时，被迫抬升。暖湿气团之上的干气团也随之抬升。当暖湿气团变得极其不稳定，能够冲破干气团的覆盖时，巨大的风暴形成了。在美国，大多数风暴就是这样形成的。在冷暖气团交界处的冷锋，当楔形的冷气团移至暖湿气团之下时，也会发生暴风雨。

风暴云的形成

当上升的气团达到一定高度时，它的温度很低，相对湿度达到100％。此刻，水汽开始凝结成滴（参见补充信息栏：湿度）。此处就是云底。在云层里面，暖空气抬升，因此有更多的云底以下空气上升来填充。如果上升的空气很潮湿，能够持续提供水汽，那么这个过程就会持续下去。水汽凝结过程释放出潜热，加热周围空气，使周围空气升温。最上层的空气也就上升到更高的位置，云顶也随之增高了。

补充信息栏　潜热与露点

　　水以三种形态存在：气态（水蒸气）、液态（水）和固态（冰）。水以气态形式存在时，分子可以向各个方向自由运动。以液态形式存在时，分子形成分子链。水以固态形式存在时，分子形成紧密的圆形结构，中央留有一定的空间。当水冷却时，分子间距离缩，液体水变得更加浓稠。在海平面气压条件下，纯水在 39 ℉（4℃）时的密度最大。在这个温度以下，水分子开始形成冰晶。由于冰晶中心有一定的空间，因此冰的密度没有水大。在质量相同的条件下，冰的体积要大于水的体积。所以水在结成冰时体积增加并且漂浮在水面上。

　　分子依靠正负电子的吸引而链接在一起，要想打破这种链接，必须有足够的能量——潜热。分子吸收潜热打破链接时温度不会上升，在重新形成链接时分子释放出相同数量的潜热。在 32 ℉（0℃）时将 1 克纯水（1 克 = 0.035盎司）从液体变成气体需要 600 卡（2 501 焦耳）的热量。这一数值是蒸发潜热。当水汽凝结时，同样数量的潜热被释放出来。结冰或融化所需的融化潜热是 80 $calg^{-1}$

（334 Jg^{-1}）。冰直接升华成水汽会吸收 680 cal g^{-1}（2 835 Jg^{-1}）的潜热，是融化潜热和蒸发潜热的总和。水汽直接变成冰的凝华过程则释放出等量的潜热。潜热受温度影响很大，因此在引用潜热值时应指明其温度值。我们在这里一律使用 32 °F（0℃）。

潜热的来源是周围的空气和水。当冰融化或水蒸发时，周围的空气失去能量温度下降。这就是为什么冰雪融化时天气会变冷而我们人在汗水干了的时候会觉得凉快。

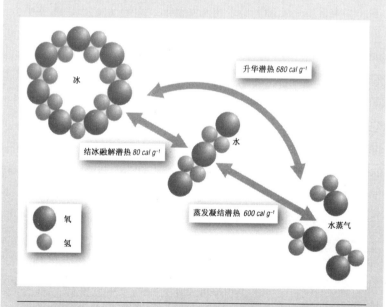

图21 潜热
当水在气态、液态或固态之间转化时，氢键被不断断开和重建，并释放和吸收潜热。

空气上升过程中温度下降，水汽凝结释放出潜热使周围空气继续受热上升。这一过程导致带来暴雨的云层的形成。

暖空气比冷空气蕴含的水分子量多。当气流冷却时，其中的水汽会凝结成液体小水珠。导致这一变化的温度被称为露点。当温度降到露点时，物体表面就会有露水出现。

温度达到露点时，空气中的水汽呈饱和状态。空气达到饱和状态时所含有的水汽质量为相对湿度（RH），写成百分数。

以上是风暴形成过程中的第一阶段，也叫"积云阶段"。云不断扩张，云内空气垂直上升。空气上升速度较快，每小时100英里（160公里），所以飞行员总是避开这样的云。到目前这一阶段为止，云中还没有出现降水。

当上层暖空气上升到一定高度时，它的密度与上面的空气密度一致了，这时暖空气就无法再上升了。这个高度，即云的最大可见高度，叫做云顶。在风暴云中，上升气流非常强劲，当云顶达到一定高度时，水汽直接变成冰，形成微小的结晶粒。在云的最后消散阶段，空气上升运动几乎停止，高空风将部分结晶粒从云顶吹开，形成砧状云。砧状云常见于巨大积雨云的云顶。

在冰晶缓慢下落的过程中，有些通常会化为液状水滴。在云的上部，水滴已冷却至冰点以下。水蒸发出来，沉积在冰晶上。当冰晶降落到一个气温稍高的高度时，它们会融化。融化过程吸收潜热，使周围空气冷却下沉。水滴与空气之间的摩擦力拖动冷空气下降。云内空气下降后，又有外部冷空气进入云层，这个过程叫做"夹卷"，即发生在气团和周围空气之间的混合。

此刻，云中既有上升气流，也有下降气流（见图22）。下降的水滴就像窗玻璃上的水滴一样，彼此撞击混合。水滴不断增大，但只有最大最重的水滴会从云中一路降下，穿过云底，形成雨降落下来。如果云中

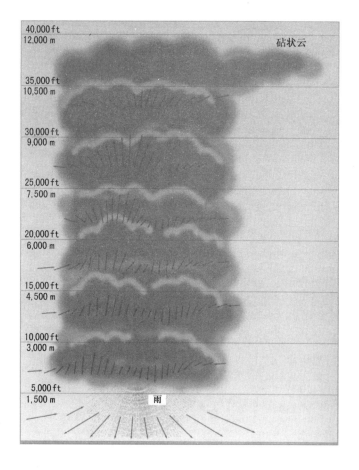

图22 风暴云中的气流

温度在冰点以下，冰晶会维持固体状。更多的冰沉积在冰晶上，形成雪片。当雪片达到一定重量，上升气流无法支撑它时，它们便从云中降下，形成雪。其他较轻的雨滴和雪片被上升气流支撑着，上升到一个更高的高度后，再从那里开始下落。现在，云已经为降水做好了准备，水便以雨或雪的形式从云中降落下来。

雨、雪或冰雹降落之前，风暴云会给人们发出警报：因为下降气流会在降水发生之前出现。下降气流以强烈的冷风形式突然席卷地面，吹向四面八方。最后，上升气流与下降气流相遇，下降气流力量超过上升气流，因此将它压下。这样，云就再也无法增大，也无法维持现状。一般来说，雨下了一段时间以后，云会慢慢消散，直至最终消失。积雨云存在的时间一般不会超过一个小时。但是，如果空气中存在着生成积雨云的必备条件，那么，就会有另一积雨云形成。

暴雨

当上升气流停止运动，只剩下下降气流时，积雨云失去发展机制并开始崩塌。此时云将去掉所有的水分，下起一种突发的非常强的阵雨，叫做"暴雨"。如果云的体积很大，那么降雨会持续一段时间。

大量的水会从云中释放下来。一块成了形的大规模积雨云中可能包含25万英吨（22.7万公吨）水分，甚至更多。如果这些水降在10平方英里（26平方公里）以内的面积上，那么会达到每英亩40吨英水（每公顷90公吨水），这相当于4英寸（102毫米）的降雨量。单个暴雨持续的时间并不长，但有时候，原来的云体扩散的同时又有新的云体生成，暴雨会反复发生，降雨也就会持续下去。

一次风暴会带来多少降雨呢？一般不超过2英寸。但如果降下的是雪，就得把这个数字乘以10。当然，就降雨量的大小来说，也有例外的时候。1976年7月31日夜至8月1日凌晨，美国科罗拉多州的汤普森大峡谷6小时之内降雨12英寸（305毫米）。峡谷内形成30英尺（9米）高的水墙，130人死亡。1942年7月18日，宾夕法尼亚州的司麦斯鲍特地区，4个半小时内降水31英寸（782毫米）。更有甚者，1964年2月28日，位于印度洋上的法属留尼汪岛在9小时内降水1092毫米（43英寸）。

暴雨发生时的场面是很壮观的。1970年11月26日，位于西印度群岛的瓜德罗普岛，1分钟之内降雨1.5英寸（38毫米）。

雷与电

世界范围内，平均每秒钟要发生8次闪电。在美国，地面每年要遭遇3 000万次雷电的袭击。多数雷暴发生在夏季。如果把雷暴的总数平均一下，那么相当于每秒钟一个闪电。

当闪电袭击地面时，可能造成严重后果。在美国，每年大约有100人死于雷电袭击，雷电造成的财产损失达4 000万美元（根据保险索赔数额），破坏的木材价值5 000万美元。雷电之所以造成如此损失，是因为它会释放出巨大能量。我们所看到的闪电火花是由电荷引起的。平均来说，电荷要集聚到20库仑（C）左右（库仑是电荷的单位，为1安培电流流动一秒时输送的电荷）。闪电的速度为每秒10英里（16公里），承载3万安培或更多的电流，内部温度达到5万℉（2.8℃）。这比太阳表面温度高出5倍。当闪电击中一棵树时，树可能会炸开。这是因为，闪电的袭击使树内水分温度迅速上升，水分立即蒸发，热力扩散开来，散布到树木及周围其他植物组织上面。所以，在雷暴期间最好不要站在树下。

多数人认为，人被雷电击中之后就活不成了。确实，多数人被击后立刻死亡，但是也有些人幸存了下来。罗莱·沙利文就是幸存者之一。他是美国加利福尼亚州约塞米蒂谷国家公园的森林看护人。他好像与雷电结了缘，一生共七次遭雷电袭击，但每次都能幸免于难。1969年，他被雷电击中后，发现只是烧焦了眉毛。1972年，他再次被击，结果头发着了火。1983年，他寿终正寝了，但这次与雷电无关。纽约州的一个农民驾驶拖拉机行驶时遇雷电袭击，没有当场死亡。不久之后，送他去医院的救护车也遭雷击后翻车。这个农民最终死于车祸中引起的致命伤。英国警察也经常成为雷电的牺牲品。他们总是戴着头盔，上面的金属尖头就像避雷针一样（各个地方警察头盔的设计是不一样的）。

大型积雨产生暴风雨的同时，也常常会引起雷暴，尽管这二者并不一定同时发生。雷层云——一类灰色、形状固定的低云，经常带来稳定持续的降雪或降雨天气——也偶尔会生成雷和电。

什么是闪电？

叉状闪电是看起来明亮，在云与地之间或云与地面物体之间有很多参差不齐分叉线的闪电。片状闪电看起来像一般闪光的闪电，但没有确切的位置。后者持续0.2秒左右。它可能是云块内部分离的正负电荷之间的闪电，也可能是穿透两块云之间的叉状闪电。

雷暴来临时经常伴有大雨或大雪。但这也不是绝对的。有时，云层下的空气非常干燥，从云中降落的水分在到达地面之前就已经蒸发了。因此，也就没有雨或雪了。这种情况下发生的闪电叫做"干闪"。干闪会引起森林或灌木丛大火，因为当时地面上的植物都是比较干燥的。热闪（heat lighting）是无声的，也不会带来降雨。它会点亮整片云，呈红色或橙色。引起这种闪电的风暴在比较远的地方，所以看不见降水，也听不见雷声。所有闪电都会释放白光，由彩虹的七色光组成。空气散射蓝色系的光，因此，当光在空气中传播一段较长的路程后，所有蓝光都散射掉了，剩下红色和橙色。也正是由于这个原因，日落时天空总是呈红色或橙色。

热光（hot lighting）（不要和上面提到的heat lighting 混淆）是因为它能引起森林火灾而得名，而冷闪却不会引起火灾。闪电是一连串的电荷发光放电过程。在热闪中，被闪电所携带的电流持续时间较长，足以使得干燥的植物物质点燃；而冷闪中，电流被阻断，所以冷闪可以使树片爆裂，却不会将其点燃。

闪电期间会发生什么？

发生在云与地之间的叉状闪电持续时间不足 1 秒，看起来好像是单个事件。但是，如果它轻轻摆动几下，这就表示它并不是单个事件。高速照片向我们揭示了整个过程：闪电的一划并不代表是一个闪电，至少是 3 个或者更多。每个持续 0.2 秒，之间间隔百万分之一秒。相机记录了某一次闪电中的 26 个独立闪电。图 23 阐明了这一事件发生的过程。

首先，风暴内部的电荷彼此分离（参见补充信息栏：电荷分离），云层低处的负电荷吸引来下方地面上的正电荷（见图 23-A）。这是静电，电荷是不动的。静电是大家都熟悉的：你在干燥天气里，皮鞋的鞋底划

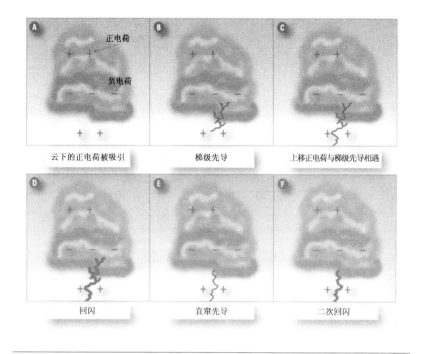

图中标注：正电荷、负电荷

A 云下的正电荷被吸引

B 梯级先导

C 上移正电荷与梯级先导相遇

D 回闪

E 直窜先导

F 二次回闪

图23 闪电发生的六个阶段

过尼龙地毯，或用吹鼓的气球去碰毛衣的衣袖，这时都会产生静电。静电电荷无法流动，是因为空气是顶好的绝缘体，将电荷阻住。但是，当电荷积累到一定程度时，它可以冲破空气的阻力。这样，两种相反的电荷之间就会发出火花。

接下来，梯级先导（闪电的第一阶段，为闪电中其他电荷的运动开辟了道路）会出现在云底（见图23-B）。它以每秒钟60英里（100公里）的速度向下传播，传播路径呈树枝状，形成一级一级的阶梯，它也因此得名。当负电荷下移时，地面上的正电荷增强。梯级先导路径中的电子（带负电荷的粒子）从空气分子中释放出来。获得或失去电子的原子或分子是被"电离"了。离子中携带电荷，梯级先导路径中的空气就成了电离的空气。这一路径直径约20厘米（8英寸），相当于闪电的宽度。

当梯级先导逐渐靠近地面时，迎面遇到带正电的地面中释放出来的上移正电荷（见图23–C）。这样，云中下移的电流短路了。梯级先导会循着最短的路线，穿越空气的阻力。这个路线的起点必须是离云最近的，而且又能与地面接触的。因此，大树及建筑物的顶部都是合适的选择，梯级先导会从此处跳下。

补充信息栏　电荷分离

闪电同其他电流一样，在正负电荷区之间运动。电荷区形成于积雨云内，通常在雨层云、沙尘暴以及火山喷发形成的雨雾中可以见到。

在积雨风暴云中，正电荷通常聚集于云顶附近，而负电荷聚集于云底附近。云底处也有一小片来历不明的正电荷聚集区。图24是电荷分布图。

目前，科学家还不确定电荷分离是如何发生的，这可能涉及几个过程。大气层顶端的电离层（大约37英里，即60公里高）带正电，而地球表面带负电，因此正电荷可能会被下面的负电荷吸引到云滴下端，而负电荷也可能被吸引到云滴的上表面。如果此时云滴发生撞击，电荷就有可能发生分离。下落过程中的云粒子也可能捕获负离子。

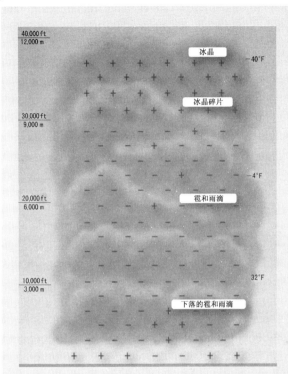

图24 发生在雷
暴内的电
荷分离

科学家认为，电荷分离最重要的机制发生于水冻结形成
雹粒之时。当过冷却水滴冻结时，就会形成冰雹。这是一个
从外向内的过程。带正电的氢离子向温度低的地区移动，因
此冰雹外部的冰壳中以正离子居多，而冰雹内部液体中以负
离子居多。随着冷却过程的深入，冰雹内部不断膨胀，外壳
炸裂开来。带正电荷的微小冰晶碎片也随之释放出来。由于
这些碎片体积小、重量轻，它们被上升的气流带到云顶。较
重的冰雹中心部分连同负电荷一起降落到低处。

几乎就在同时,回闪产生了(见图23-D)。回闪传播速度为每秒6万英里(10万公里),明亮耀眼。这就是我们通常看到的闪光。之所以称它为回闪,是因为它是向上传播的。当正离子聚集电子的时候,更多的电子从上层向下流动,而向上传播的回闪加速了电子的下流速度。

在距地面3 300英尺(1公里)处,回闪与云的底层进行中和,在地面上积存了带电强的负电荷。接下来,云中的一小股闪电电流在接近云底处重新生成负电荷,又吸引来地面上新的正电荷。这时,直窜先导自云中出现了,它沿循着第一次回闪确立的电离路线。不久,第二次回闪产生了(见图23-F)。

以上描述适合多数闪电过程,其结果就是减少了云底层的负电荷。这也叫"负闪电"。电荷的分布也可能是颠倒过来的。这时,云底积累的就是正电荷。这种情况下,"正闪电"会将云底层的正电荷降至地面。平均来说,96%的闪电为负,4%为正的。

有时候,一个较高的建筑物或者刚刚发射的火箭都能引起梯级先导自地面向云层传播。穿行于带电云层中的飞机也会以这样的方式引发闪电。

雷

闪电发生的速度极快,它所携带的能量可以加热周围空气。回闪中心的温度是5万℉(2.8万℃)左右,足以加热周围空气。在如此强烈快速的受热下,空气大幅度地迅速膨胀。事实上,闪电周围的空气已经爆炸了。

当空气膨胀时,它会压缩邻近空气。这个过程中产生了一系列压缩波。压缩波从膨胀中心向四面八方传播开来。我们的耳朵对这种波是很敏感的。这就是声音。雷声就是闪电引起的爆炸发出的声音。

我们听到的爆炸声是"砰"的巨响,这是雷的声音。但是,只有当引起雷声的风暴位于我们正上方时,我们才能听见"砰"声。如果风暴中心距离我们很远,我们听到的就是隆隆声,而不是"砰"的撞击声。

为什么雷会发出隆隆声

声波在温度为68°F(20℃)的空气中的传播速度为每小时770英里(1238公里),并且所有声波以同一速度传播。但是,同一闪电产生的声波到达听者的耳朵时,它们传播的距离是不一样的(见图25)。闪电产生于云层内,然后沿着不规则路径到达地面,并使沿途空气爆炸。云底发出的声音,在听者头顶之上,因此它比低处发出的声音传播的距离远。由低处发出的声音,由于传播的距离较近,因此会先到达听者的耳朵。

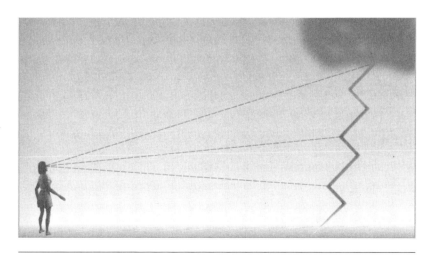

图25 为什么雷会发出隆隆声
声波传播的速度是不变的,只是与听者之间的距离不一致,所以才会陆续到达听者的耳鼓,产生连续的隆隆声。

当然，闪电最上方的声音会先于下方的声音产生，但这并没有什么大影响。闪电的传播速度是用英里/秒来衡量的，这比光的传播速度超出几千倍。因此，闪电的声音基本可以看作是在同一时刻发出的，而它们传播距离的长短才决定我们听见雷声的先后。在闪电的整个过程中都会有雷声产生，因此会有一连串连续的声波到达我们的耳鼓，我们会听到一连串隆隆声。

解释到此还不算完整。由于光的传播速度快，所以我们在闪电发生后立刻就能看见它。这可能意味着雷声所持续的时间不应该比闪电持续时间长，我们应该在闪电发生不久之后听见"砰"的雷声，而不是那种低沉、吓人的轰轰声。事实上，这是由于某些声音被反射，因此到达时间被推迟了。比如回声，它就是由声音的反射引起的。声音从闪电产生直至进入听者的耳朵这个过程中，某些声波撞击到建筑物、树木、汽车、地面或水面，并且被这些物体反射。反射物的表面所处位置不同，高度不同，声音撞击它们时的角度也不同。因此，声波会从四面八方反射。反射过程大大增加了声波传播的路程，因此，将"砰"的声音拖成了较长的隆隆声。

光传播速度极快，所以闪电到达人眼所用的时间很短。基本上闪电刚一发生，人眼就能看到。声音传播速度较慢。所以，你看到闪电以后，过一段时间才能听见雷声。你可以利用两者之间相差的时间表计算风暴的距离有多远。看见闪电，立刻计秒数；听到雷声，立刻停止计数。每5秒钟的时间相当于1英里（1.6公里）的距离。如果雷声在闪电发生10秒钟后到达，那么，风暴的距离是2英里（3.2公里）远。连续计算几次之后，你就可以判断风暴是否在向你所在的位置靠近。

为什么有些闪电是无声的？

当声波在空气中传播时,周围的空气以及反射它们的物体表面都会吸收它们的部分能量。这个过程叫做"阻尼"。当你把一块小石子扔到一个大池塘的中央时,你会观察到这个过程。水面泛起的微波同声波类似,都是向外传播的。距离微波中心越远,波就越小。最后,到了一定距离时,波就消失了。这是因为,石块击水时产生的动能被水吸收,然后扩散出去。波浪在大小上的稳定减速弱现象叫做"衰减"。

同于声波大小不一,它们衰减速度也不一样。某一波的波峰或波谷同下一个波的波峰波谷之间的距离,叫做"波长"。在特定时间内通过某一固定点的波峰或波谷的数量叫做"频率"。由于所有声波都是以同一速度传播的,波长与频率是成比例的。我们听到的较尖锐的声音是波长短、率高的声波,而低调的声音是波长长,频率低的声波发出的。

当声音在空气中传播时,高频率的声波首先开始衰减,这意味着尖锐的声音是逐渐消失的。自然界的所有声音,包括雷声,都是有一定波段的。距离声源越远,听到的声音就越低沉,因为高音正在逐渐消失。当某人在很远的地方弹奏乐曲时,你只能听到低音,比如鼓的声音。这也就能够解释为什么我们听到的远处雷声是低沉的隆隆声。

最后,就连低频率的声波也衰减到了无法听见的程度。空气及物体表面吸收了所有声音。远方的音乐无法听到了,远方的雷声也是如此,虽然你可能还会看见闪电。事实上,远方的风暴本身并不比其他风暴安静,只是因为它离你太远所以无法听到。

三

当海面上升时

海啸

1883年8月27日上午10点多, 120英尺（37米）高的水墙从海面涌来, 席卷了爪哇岛和苏门答腊岛沿岸地区。这两个岛屿组成了今天的印度尼西亚这个国家。水墙所到之处, 摧毁城镇和村庄, 吞没了3.6万多人。几千英里以外的夏威夷岛和南美洲同样遭到海浪袭击, 只是海浪较小, 没有造成损失。

这种海浪是人们最惧怕的。它比普通海浪大得多（虽然极少出现像1883年那样大规模的）, 并且袭击之前没有任何明显迹象, 速度非常快。过去人们把它叫做"潮波", 因为它很像涨起的潮。但事实上, 这种海浪同潮汐是无关的。也有人称它为"大海浪", 但是在海上, 它是很小的, 船员经过时, 都注意不到它。所以这个名字也不合适。在日本, 人们叫它"海啸"。这个名字比较贴切,现在也被广泛使用了。

海啸年年有

海啸并不常见,但每年都发生几次。2001年6月23日,海啸袭击了秘鲁南部沿海城镇艾提口和马塔兰诺之间的大片地区。两镇之间的凯马纳镇遭遇惨重损失。在某些地方,最大的浪高23英尺(7米),海水涌入内陆半英里多(1公里)。拉普塔度假村的数百间房屋、宾馆和饭店被摧毁。幸运的是,此时正值南半球中部地区的冬天,因此没有多少人在此度假。同时,凯马纳镇以南1400英里(2253公里)处的智利塔尔卡诺地区也出现了8英尺(2.5米)高的海浪。秘鲁人对海啸并不陌生,这个国家已多次遭受海啸袭击,仅1996年就有12人在海啸中死亡。

1994年6月3日夜,印度尼西亚再次发生海啸。二百多人在睡梦中死去。2000年5月4日,位于西里伯斯岛、珀伦岛和邦盖群岛的中苏拉威西省遭遇了一连串的海啸袭击,几个沿岸村庄被毁,四十多人死亡,1.5万所房屋被卷走。

1998年7月17日,巴布亚新几内亚也被海啸席卷。在25英里(40公里)宽的海岸线,海啸掀起了23~33英尺(7~10米)高的海浪,有些地区海浪高达50英尺(15米)。海啸席卷了几个村庄,吞没了二千五百多人。

1998年5月26日,日本本州北部发生海啸,大约60人死亡;1992年9月1日,尼加拉瓜海岸又发生海啸,105人死亡,489人受伤。太平洋沿岸常常发生这种灾难,其他地方也没能幸免。1979年10月6日,法国地中海沿岸60英里(96公里)海岸线遭到两次海啸袭击,掀起10

英尺（3米）高的海浪。尼斯地区11人、昂蒂布地区1人被海浪卷走。

海啸通常是具有破坏力的，而且有时破坏性很强。1896年的一次海啸中，日本三陆有约2.5万人死亡。接下来，海啸又在美国的加利福尼亚州和夏威夷以及智利造成严重损失。20世纪最大的一次海啸是1946年4月发生在夏威夷的那次。它破坏了希洛市的海滨线，吞没了96人。

当然，也有些海啸规模较小，没有危险性。如果你在2001年1月4日这天到达了太平洋上瓦努阿图的维拉港，你会亲眼目睹海啸的发生。32英寸（80厘米）高的海浪没有造成任何损失，只是引起了人们的好奇。还有一场海啸，1996年9月5日发生在日本的八丈岛，浪高只有10英寸（25厘米）。在其他近海岛屿还发生过更小规模的海啸。25厘米的海浪不会给人们带来伤害，普通人甚至都注意不到它。但它终究还是海啸。很多海啸只有通过最敏感的仪器才可以侦测出。

海浪及其特点

海啸不是潮汐引起的，但它们是海浪，当然也会遵循海浪运动的规律。海浪分为几种。把长绳子的一端系在一个支撑点上，用手拿起绳子另一端上下拉动，这时沿着绳子的路线周围会产生一连串波浪。波浪也在运动，但绳子本身只是上下移动，不会从你手中脱离开后纠结到支撑点处。海浪会向前运动，但海水本身只是上下移动，而不是向前。如果海水向前运动，那么海洋可能会堆到陆地上了。如果把石头扔到静止的池水中，也会发现这个规律。波浪会从水面骚动处一圈圈向外移，水面上的树叶在每次波浪经过时都会上下浮动，但它们并没有同波浪一起前移（见图26中的横切面）。

因此,向前移动的并不是水,而是维持水运动的能量。传输到水中的能量可以通过水产生的波浪特点计算出来。振幅是波谷与波峰之间的垂直距离。波高是平均位置(中点处)到波峰之间的垂直高度,即波比水面的平均水平高出来的高度。波高相当于振幅的一半。相邻两波峰之间的距离叫做波长。

在缸中洗澡的小孩子们很快便知道,水面骚动越大,随之产生的波浪也越大。在海上,海浪是由风引起的。风越大,海浪越大。风不断地吹向较大面积的水面时,会产生同风力成正比的波浪。和风风速每小时20英里(32公里),吹起的波浪高5英尺(1.5米);大风风速每小时40英里(64公里),浪高25英尺(7.6米)。速度为每小时75英里(121公里)的风,其强度已达到飓风级,它会生成50英尺(12.25米)高的海浪。真正的飓风会把海浪卷起更高。

浴缸太小,无法演示整个过程,但水中的骚动程度也会影响波传播的速度,这要用波的频率或周期来衡量。波的频率是指特定时间内,通常1秒钟内,通过某个固定点的波峰的数量;波的周期是指两个波峰经

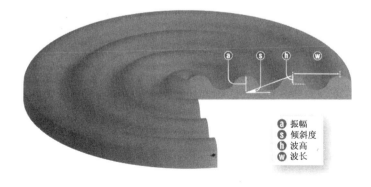

ⓐ 振幅
ⓢ 倾斜度
ⓗ 波高
ⓦ 波长

图26 波的特性

过同一点所经历的时间。此外,波的倾斜度也是一个重要参数。用波长去除波高就得到倾斜度的值。事实上,它是水平方向的一个角,角一边是水平线,另一边是从一个波的波谷向下一个波的波峰划出的直线(见图26)。

波是怎样运动的

如果仔细观察,你会发现,石头扔进池塘后所产生的波是有区别的。某些波的周期长,某些波的周期短。如果池塘够大,你会看到速度慢的长周期波在速度快的短周期波前面移动。短周期波从水面骚动处开始移动,赶上并超过前面的波,到达最前线。在这个过程中,它们的周期延长,速度减慢。一组波作为一个整体的传播速度要比个体的短周期波慢一半,而在海上,波总是成组传播的。在广阔的海面上,最终只剩下长周期波隆起,它们可以传播很长的距离。据侦测,南极洲水域发生的风暴引起的海浪可以一直持续从南极洲到阿拉斯加那么远的距离。

在池塘中,你还会注意到在每个波浪经过时漂浮于水面的叶子,都会随之起起落落。而且,它们也会随波峰的到来而前进一点点,再随波谷后退一点点。这是因为水本身是在小圆圈内移动的,随波峰向前,随波谷退后。你可以把这种圆圈形的运动看作是水的"粒子"的运动(见图27)。水面上圆圈的大小同波高相关,而水下圆圈的大小随着水深度的增加而减少。在水深同波长的一半相等时,圆圈就彻底消失了。

波是由水面骚动引起的。在这个过程中,能量被转移到了水中。能量从能量源释放之后,从一组水粒子转移到另一组。对于多数波来说,风是它们最初的能量源,但对于海啸来说却不是这样。产生海啸的能量不在水面,而是源于海底或海底之下。

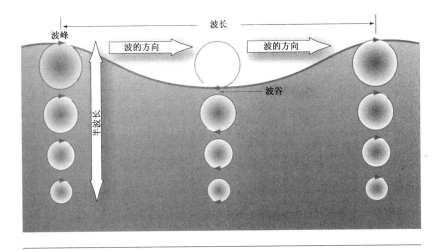

图27 波的运动

海啸是由海底地震、海底火山口喷发或巨量海底沉淀物突然自斜坡滑下引起的。2001年秘鲁海啸就是大地震引起的,震中位于沿海城镇欧科纳附近。地震的震级用里氏震级来表示,这是由美国地理学家兼物理学家查尔斯·费朗西斯·里科特(1900—1985)划分的。这是一个对数级别,即地震震级每增加1级,地震中释放的能量就是前一级别的10倍。2001年的秘鲁地震震级为里氏8.3—8.4,这可能是30年来世界上发生的最大级别地震。1998年发生在巴布亚新几内亚的地震为里氏7.0,此次地震也引发了海啸。

太平洋沿岸是世界上海啸最高发的地带。这是因为这一带地震及剧烈的火山喷发频繁发生,有人说这一带被"火圈"包围了。在澳大利亚境内的太平洋沿岸,内陆几英里之内及高于海平面100英尺(30米)的地方,随处可以看见贝壳、珊瑚碎片及大块岩石,这些都证明了海啸曾经肆虐过,有的发生在1000年前。澳大利亚经历的海啸中,海浪最高时达到了100英尺（30米）。

冲击波

关于二战中海上战斗的影片里面，总会有一些海上战舰与潜水艇之间的冲突场面。海上战舰经常使用深水炸弹。他们将炸弹扔下去后，它会在水下深处爆炸。下次再看这类影片时，请仔细观察一下深水炸弹爆炸时的水面状况。你会看到，看似震颤物如水面漂浮的白粉一样清晰可见，而且移动速度极快。事实上，这种震颤的物体向外扩散，呈圆盘状。水本身看起来并未移动，水面也没有大浪，只是震颤物如同水面漂浮的白粉一样清晰可见，而且移动速度极快。事实上，这种震颤是由一系列的小型水面波浪形成的。不久，水面会涌出一些水喷到空气中。这种震颤物就是冲击波，它是由爆炸引起的。它类似于引起海啸的冲击波，只不过要弱得多。海啸中的波与普通波是有很大区别的。

冲击波以较快的速度穿越洋面。典型的海啸冲击波速度是每小时450英里（724公里），也有一些达到了每小时590英里（950公里）。由于它形成于海底，所以会影响到海洋中所有水，而不仅仅是上层水。在风力驱动下形成的海浪可以在水下500英尺（150米）处测出（这个距离相当于水面波波长的一半），但是在500英尺以下，水没有什么动静。然而，在海啸中，无论是在海面还是在海底，也无论海洋有多深，整个海洋都会发生震颤。

海啸冲击波较长，波长在70~300英里之间。因此，它的周期也长，大约20分钟左右。也就是说，从一个波峰到相邻波峰，之间要经过20分钟。由于波较长，波浪搅动起的水的粒子就形成更大的圆圈状，有时直径可达30英尺（10米）。另一方面，波高却比较小，同深水炸弹爆炸中引起的振动波差不多。通常情况下,波高不足3英尺(1米),对船不会产生任何影响,因此船员很少注意到它们。

　　一位船长曾亲眼目睹了1946年海啸袭击夏威夷的场面。当巨大的海浪从他的船旁涌过时,他竟然没有感觉到。在广阔的海洋,波是这样传播的。在浅水中,就不一样了。

距离海岸越近,海浪越大

　　随着海床高度的增加,海底附近由水的粒子构成的水圈就会变平,波的速度减慢。更多的波浪以相同速度从深海处涌来,因此在水越浅的地方,波的周期越短。能量的数量是不变的,所以如果前方的波浪减速了,那么携带它们向前的能量就被用于增加波的高度了。

　　由于海啸速度极快,波浪也会变得很高。当波长减至5英里(8公里)时,前方的波浪高度会达到10英尺(3米)左右。根据海床的坡度来看,这一阶段海啸距离海岸还比较远。靠近海岸的地方,海床坡度更陡一些,此时波浪的速度不足每小时20英里(32公里)。但是紧随其后的冲击波波速可达每小时450英里(724公里)。海面上,水几乎堆积在了一起。

　　随着波高的增加和波长的减少,波的坡度变大了。同时,水粒子在其圈内移动的速度更快了。波峰处的水粒子移动速度可能会比波自身的速度还快,二者方向一致。这种情况下,水从前方波浪处溅出,形成碎浪。

　　海啸有时候就是这样到来的,像一个巨大的碎浪般冲向前。电影里面也是经常这样描绘的。你可能疑惑怎么会有人把看似碎浪的东西称作"潮波"。其实你的疑惑是有道理的。多数海啸并不是这样到来的。即便在靠近海岸的地方，波浪的波长还是很长，就像正在上涨的潮水，并且比真正的涨潮水速度更快，浪高更高。当海啸表现为一个巨大碎浪时，那只是先兆，预示着主浪即将来到。几分钟后，比碎浪大得多的主浪就真的来到了。

在海啸巨浪冲上内陆以后，水会退去，流回海里。当水向海流去的时候，又遇到下一个海浪并相互撞击。这种撞击使海浪速度减慢，而体积却更大了。

如何预知海啸即将来临

海啸的规模是不一样的。引起海啸的海底事件规模越大，海啸越大。在海啸冲击波向外扩散的过程中，海啸规模会削弱。冲击波在水中的摩擦力减少了它的能量，因此，离震源或火山源越远时，能量扩散的面积越大，能量就变得越小。

任何居住在海边的人都可以观察到海啸来临前的一些迹象。通常，海浪拍岸后碎为浪花，然后再退入海中。如果在原因不明的情况下，水退回到比往常更远的地方，使那些在大潮时都未露面的岩石浮出水面，那人们就该警觉了。几分钟后，水返回海里，然后更高的海浪冲向岸边，停留几分钟后，流回海中。如果水升高的高度比以往高出3英尺（90厘米），停留了几分钟后退回，退回到比以往低了3英尺的地方，这时你就已经得到了警报。

你应立即离开，到内陆的高地上去，同时通知其他人。不要去搜集财物了，已经没时间了。几英里以外的海中，海啸已经形成，并且会迅速到来。最后，你看到一道水墙从海平线上席卷而来，但这时想逃走可能就晚了。几分钟内海啸的威力就会爆发出来。

在俄勒冈州和华盛顿州沿海地区，当地的土著人有一个传说。一个寒冷的冬天里，洪水席卷了内陆地区，引起地面摇晃。若干年前，日本科学家把这个传说同本国的有关记录作以对比，发现了关于海啸的报道。那是在1700年1月27日午夜，浪高7~10英尺（2~3米）的海啸爆发，淹没了农田和仓库，冲毁了房屋。在这个记录中没有与地震相关的任何记载。科学家继续在世界各地查找资料，最后找到了这个始作俑者——一场大地震。同当地传说中描述的差不多，1700年1月26日，距俄勒冈、华盛顿及加拿大的不列颠哥伦比亚省沿海不远处，发生了一场大地震。科学家的发现不仅证实了传说的真实性，而且也向人发出了警告。这次地震极其强烈，比当地在现代经历的任何一次都严重，并且类似的大地震有可能再次发生。它可以将600英里（965公里）沿岸的礁石击碎，海啸发生时海浪可达六十多英尺（18米）。

对于生活在沿海地区，特别是太平洋沿岸的人来说，海啸是他们面临的又一危险（参见补充信息栏：海啸预警体系）。同突发性水灾一样，海啸总是突然袭击，极具破坏力，因此令人恐惧。尽管太平洋沿岸比其他地区发生海啸的次数多，但这并不代表其他地方不发生海啸。

补充信息栏　海啸预警系统

目前，科学家对于海底世界知之甚少，因此无法提供精确、可靠的警报。但是，随着越来越多的仪器被使用来侦测与海啸有关的海底变化情况，这种局面有所改善。由26国合作参与的海啸预警体系组建了观测站网络，覆盖了太平洋沿岸地区，监测这一带的海底及水面情况。

美国国家海洋与大气管理局组建了两个海啸预报站。其中之一位于阿拉斯加的帕默，它覆盖了加拿大和美国的西部海岸。另一个是位于夏威夷埃瓦海滩的太平洋海啸预报中心，位于玻利维亚的塔提岛是海啸预防中心所在地。如果那里侦测到海啸，就会立刻通知权威部门。他们会像美国国家海洋与大气管理局气象无线电系统和美国沿海防卫队那样，发出有关海啸的警报。

潮汐

每天，海水要涨潮两次，然后再退去。涨潮时，海水覆盖了部分海岸地区，这种现象也是海水泛滥。但是，涨潮太常见了，因此没有人认为这也是水灾泛滥。如果这种规律的运动中加入了其他因素，那可能真的会发生严重的水灾，漫延到内陆地区。

海水有规律的涨落是由潮汐引起的，它的发生情况因地区而异。在某些地区，高潮每隔12小时发生一次，一天两次；而在中国海域，某些地方每隔24个时才发生一次。在英国南安普敦地区，高潮之后水稍稍退去，不久之后又发生第二次高潮。

通常情况下，海水退潮的距离同涨潮的距离是相等的，但潮汐规模及时间是每天都不一样的。某些海岸经历的潮汐规模比其他海岸大一些。在地中海沿岸,潮汐运动规模很小,几乎不超过20英尺(6米);而在英国的伦敦桥附近海域,平均潮高15英尺(4.5米)左右,有时甚至达到21英尺(6.4米)。在加拿大东部沿海芬迪湾,潮有时升至50英尺(15.25米),这是世界上规模最大的潮汐运动。所有水体都有潮汐运动,只不过在小于海洋的水体中,潮汐运动效果不太明显,很难引起人们注意。

潮汐产生的力

潮汐是复杂的,但它们的起因是很简单的。潮汐由重力引起,发生在某两个巨大天体环绕彼此运行时。在地球上,潮汐产生的力使海洋运动,而在太阳系的其他行星或卫星中,它产生的效果可能更大。木卫一是木星的天然卫星之一,因此它与太阳的距离比地球与太阳的距离远得多。当科学家们看到由"航行者号"太空飞船传送回的首批木卫一表面照片时,他们惊呆了。他们本以为木卫一同其他天然卫星类似——表面寒冷,布满了陨石坑。然而,事实上,木卫一上面布满了火山和火山口洼地。此外,从"航行者1号"与"航行者2号"返回间隔的4个月中,有些火山停止了喷发,也有一些开始喷发。木卫一上很冷:平均表面温度大约-226℉(-143℃),但某些地方温度却极高,达到4 125℉(2 275℃)。

很明显,木卫一内部温度很高,而这种热能源于重力。木卫一受其母行星——木星的万有引力拉动,同时也受到木星的其他行星——木卫二和木卫三的引力。同地球的卫星一样,木卫一也一直与木星保持同样的关系状态,但木卫二和木卫三的拉力将它拉紧或放松,幅度达到330英尺(100米)。这种时而拉紧,时而松开的运动就是潮汐力,能在天体表面以下产生热量。

在地球的自转以及月球与太阳之间的万有引力综合作用下，产生了地球上的潮汐运动。如果你将一桶水用绳子吊起后旋转一圈，发现水并没有溅出来。这是因为，一旦物体在外力作用下运动起来，它会持续作直线运动。这桶水看起来就像马上要飞走，但事实上却还在维持其运动。任何物体抵制改变，维持原状的趋势叫做"惯性"。拴桶的绳子施加了与惯性力相反的向心力，正是这个力使水桶旋转时没有飞走。（参见补充信息栏：牛顿运动定律）如果向心力等于或大于惯性力，水桶会持续旋转下去；如果惯性力超过了向心力，绳子会断裂，水桶会飞走；如果向心力超过了惯性力，水桶会下落，水会溅出来。

补充信息栏　牛顿运动定律

英国物理学家兼数学家艾萨克·牛顿爵士（1642—1727）发现了关于物体运动的三条定律：

1. 如果没有受到外力作用，静止的物体会保持静止，运动的物体会持续做匀速直线运动。

2. 动量变化率与外加力成正比并且发生在力的方向上。

3. 作用与反作用相等且相反，即当二物体互相作用时，第一物体作用在第二物体上的力与第二物体作用在第一物体上的力相等且相反。

地球是绕它自身向轴旋转的，因此海洋中的水就如同这桶水一样。海洋也有惯性，这种惯性会把海洋中的水呈直线状抛入太空。这种情况下,地球的万有引力充当了向心力,它阻止了海洋将水抛向太空。这个向心力的大小足够维持海洋的状态,但反方向的惯性力减少了海洋能承受的重量,所以海洋会向外膨胀。在赤道附近膨胀最严重,因为赤道附近海洋运动最快,惯性力最大。

来自月球与太阳的拉力

月球和太阳也对地球施加了万有引力,表现为拉力。这个拉力同地球自转产生的惯性力方向一样,同向心力方向相反。因此,它也会减轻海洋的重量,使海洋膨胀加剧。万有引力同两天体的质量成正比,同天体之间距离的平方成反比。尽管太阳比月球大得多,但它距地球的距离比月亮远得多。因此,太阳对地球的引力影响比月球小得多。主要是月球促成了潮汐的产生,拉动了海洋向外膨胀。

被抛向外的水   月球的拉力

图28 由月球拉力引起的地球表面的潮胀

事实上,地球表面共有两个潮汐隆起,也叫潮胀(见图28)。在地球表面直接面对月球的这一点上,月球的拉力使地球表面向外膨胀。

在地球的另一面，即直接背对月球的一面，出现了第二个膨胀处。产生两个膨胀的力大小相等，方向相反，所以，潮胀规模是相等的。由于两个天体之间的万有引力同天体质量成正比，同天体之间距离的平方成反比，所以它能把两个天体的中心拉到一起。尽管我们认为是月球环绕地球转动，而事实上，两个天体都在绕一条通过它们重力中心的共同轴进行旋转。地球是月球的81.3倍大，所以这条轴位于地球内，只是不在地球的中心处。它距地心约2 939英里（4 729公里），距地球表面1 025英里（1 649公里）。如果从地球中心到月球中心划一条直线，那么这个轴就在这条直线上。

所有海洋中的水都被重力拽往地球中心。月球用其压力来与这

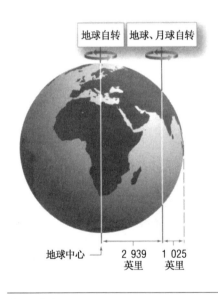

月球

图29 潮汐

地球绕其自身的轴运动。地球——月球体系统一条穿越二者共同重力中心的轴进行运动。

个重力相抵消。月球拉力的大小同月球中心与地球表面和地球中心的距离成正比。对于地球表面上正对月球中心的那一点与地球另一面距月球中心最远的那一点来说，二者同地球中心的距离是一样的，即都等于地球的半径。直接与月球相对的那一点上所受的月球引力最大，而相反方向上的那一点所受的引力最小。这就产生了两个向外突起的潮胀。在地球表面的每个点上，水都被作用力拉向距它最近的潮胀处。

大潮和小潮

当月球环绕地球运转时（这个过程要用24小时50分钟28秒），地球两端的潮胀也参与到运动中来。一端的潮胀直对月球中心，而另一端潮胀在反方向的同一位置上。但是，如果你曾经帮别人推过起动不了的车，你就会知道，并不是力用上之后物体就会马上移动。由于惯性的作用，物体最初的运动是缓慢的。

海洋也具有这种惯性。如果潮胀仍处于原位置，那么海浪要在水中经过12英里（19公里）深后才到达水面。事实上，海洋比这浅得多，因此海浪的速度减慢了。潮胀处比月球所在位置在时间上落后了4分钟，而在这4分钟内，地球绕其轴转动了1°。因此，从地球中心与月球中心划的一条线，同地球中心与潮胀中心划的另一条线，两者所构成的角为1°。这种时间上的延搁也成为一种制动机制，逐渐放慢了地球的自转周期。

潮胀处也绕地球自东向西运动。当它们穿越海洋时，使海平面升高；当它们到达大陆的东部海岸时，进程减慢。地球上的岩石反作用于潮汐力，但这种反作用力极小。所以地球上的陆地吸收了大量的潮汐能量,在潮汐穿过西部海岸时,潮胀又出现了。

吸收潮汐的动能也会减慢地球的自转速度。在潮汐的影响下,地球的自转周期每年会放慢 0.000 015 秒,因此天会逐渐变长。在距今大约 5.7 亿年前的寒武纪初,天长为 21.5 小时左右,所以 1 年有 408 天。地球自转速度的减慢也使月球以每年 1.5 英寸(4 厘米)的速度偏离地球。幸运的是,地球与太阳之间的距离没有变。

正是由于两个潮胀处的经过才引起了潮汐,每天两次,间隔为 12 小时 25 分钟零 14 秒。这叫做"平衡潮"。如果整个地球表面都由海洋覆盖,并且月亮总是位于赤道处的正上方,这种情况下,会发生"平衡潮"。但是,这两个条件都无法满足,所以真实的情况更复杂一些。地球轴的倾斜表明,月亮有时在赤道南,有时在赤道北,最多可偏离赤道 28.5°。这样,潮汐的规模就每日不一了。

虽然月亮的影响更大一些,但是太阳也对海洋施加了拉力,如月亮一样,使其产生突起膨胀,只是规模小一些。太阳与月球的拉力并不总是朝同一个方向的。有时,太阳的起潮影响正和月球的相克,潮汐变小;有时,太阳和月球一起起作用,潮汐变大。潮汐达到最大高度时叫做大潮;最低时叫做小潮。

大潮时,月球与太阳成一直线。朔月(新月)时,月球位于地球与太阳之间,三者几乎成同一直线。这时两种潮汐拉力方向一致,潮胀处吻合。望月(满月)时,月球、地球与太阳三者也在一条直线上,只是月球到了地球另一端,同太阳方向相反。此时,两个潮胀处也处于同一位置,同样产生高潮。当太阳与月球的拉力成直角时,会产生小潮。这发生在上弦月或下弦月时(见图 30)。

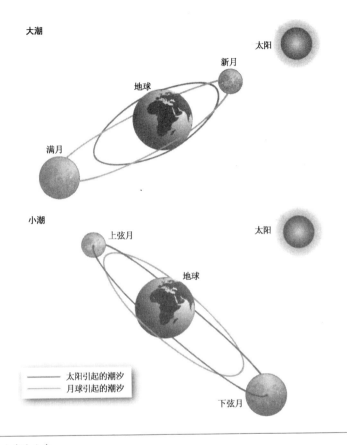

图 30 大潮和小潮

海岸与岛屿对潮汐的影响

若是没有大陆，一切都会有规律地发生。但是，陆地是存在的，还有海岸线、海角、海湾以及近海岛屿。海岸线使潮波发生偏离或将其反击回去。同其他波浪一样，潮波从深水移到浅水时，性质也会发生变化。

在由陆地围起的较小海域，潮波会从几个方向同时袭来，然后交汇，再湍急地前后流动。比如在北海，大西洋的潮水从北面绕苏格兰北海岸流入，从南面流经英吉利海峡和多佛尔海峡，最终都汇入北海。此时的潮水看似洋流，并受到科里奥利效应的影响（参见补充信息栏：科里奥利效应）。在科里奥利效应作用下，潮水发生偏转，最后绕过某一点，进行循环。这一点叫做"无潮点"，在这里是没有潮汐运动的。北海共有三个无潮点，位于英国东部海岸与欧洲大陆之间（见图31）。图中实线是潮汐线，表示在月球经过格林尼治子午线以后，高潮水位出现的时间。这个时间是用阳历的小时（相当于1小时零2分钟）来测定的。图中虚线表示的是高潮和低潮之间的距离。

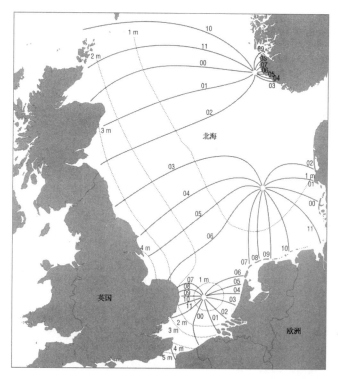

图31 北海的三个无潮点

98

在向赤道或赤道两侧运动时，除非物体紧贴地面运动，否则物体的运动路线不是直线而是发生偏转。在北半球时物体向右偏转，而在南半球时则向左。所以空气和水在北半球按顺时针方向运动，而在南半球则是按逆时针方向运动。

第一个对此现象做出解释的人是法国物理学家加斯帕尔·古斯塔夫·德·科里奥利（1792—1843）。科里奥利效应由此得名。科里奥利效应在过去又被称为科里奥利力，简写为 CorF。但现在我们知道这并不是一种力，而是来自地球自转的影响。当物体在空中做直线运动时，地球自身也在运动旋转。一段时间之后，如果从地球的角度去观察，空中运动物体的位置会有所变化，其运动趋势的方向会发生一定程度的偏离。这是由于我们在观察运动着的物体时选择了固定在地表的参照物，没有考虑地球自转的因素。

地球自转一圈是 24 小时。这就意味着地球表面上的任何一点都处在运动当中并每隔 24 小时就回到起点（相对于太阳而言）。由于地球是球体，处于不同纬度上的点的运动距离是不一样的。纽约和哥伦比亚的波哥大，或是地球上任何两个处于不同纬度的地区，它们在 24 小时中运行的距离是不一样的。否则的话，地球恐怕早就被扯碎了。

我们再举个例子具体说明一下。纽约和西班牙城市马德里同处北纬 40° 线上。赤道的纬度是 0°，长度为 24 881 英里（40 033 公里），这也是赤道上任何一点在 24 小时之内行过的距离，所以赤道上物体的运行速度都是每小时1037英里（1665公里）。在北纬40°线上绕地球一圈的距离是19057英里（30663公里），这就意味在这一纬度上的点运行距离短，速度也较慢，每小时约794英里（1277公里）。

现在假设你打算从位于纽约正南方的赤道地区起飞飞往纽约。如果你一直向正北方向飞行的话，你绝对到不了纽约（不考虑风向问题）。为什么？因为当你还在地面时，你已经以每小时1037英里（1688公里）的速度向东前进了。而当你向北飞行时，你的起飞地点也还在继续向东运行，只不过是速度较慢。从赤道到北纬40°的这段距离你大约需要飞行6个小时。在这段时间里，你已相对于起飞地点向东前进了6000英里（9654公里），而纽约则向东前进了4700英里（7562公里）。因此，如果你向正北方向直飞的话，你肯定不会降落在纽约，而是在纽约以东（6000－4700＝）1300英里（2092公里）左右的大西洋上降落，大概位于格陵兰岛的正南方向。

科里奥利效应的大小与物体飞行速度和所处纬度的正弦函数成正比。速度为每小时100英里（160公里）的物体受科里奥利效应影响的结果要比速度为每小时10英里（16公里）的物体大10倍。赤道地区的正弦函数是$\sin 0° = 0$，而极地地区是$\sin 90° = 1$，因此科里奥利效应在极地地区的影响最显著，而在赤道地区则消失。

海岸线同潮波方向几乎不会成直角，所以一部分潮汐先到达海岸，像洋流一样同海岸线平行流动。这种水流叫"沿岸流"。如果，遇到海岸线中的弧状弯曲处，水流发生偏转，流回海中，这叫"裂流"，或离岸急流，这种流很常见。由于有了它的存在，在一些海岸附近游泳或冲浪就成了危险的举动。它也可以解释为什么同一海岸线的不同区域，高低潮发生时间不一样。

当潮波靠近海岸时，就是进入了浅水区。同其他波浪一道，它的波高增加。在某些力的作用下，波浪涌上岸，然后返回。返回时携带了一些沙滩上的沙砾碎石之类的物质到水中。

沿岸流可以把这些物质带走，然后在某处积淀下来。这个过程叫做"沿岸冲流"。它导致了某些地区发生海岸侵蚀，而某些地方发生海滩延伸。这是因为，由风和潮汐作用而产生的海浪不断拍击沿岸的礁石，直到将其击碎变成石子，最后成为碎沙。所以，海浪在海滩的形成过程中起到了最重要的作用。

涌潮

提到飓风，首先涌入脑海就是风吹树倒的剧烈场面。飓风的风力可怕，造成的损失巨大。飓风袭来时，给人们带来损失的不仅是大风，更主要的是洪水。风暴能够带来强降雨，引发暴洪；也可能产生风暴潮，使河水上涨，冲击沿岸居民区。1996年9月6日，弗兰号飓风袭击北卡罗来纳州的开普菲尔后北移，引起当地狂风大作，暴雨倾盆，同时掀起12英尺（3.7米）高的风暴潮。有些地方风暴潮高达16英尺

（4.9米）。

弗兰号是一次典型的较大飓风，它所引起的风暴潮并不比之前的飓风大。1995年10月，欧佩尔号飓风席卷美国东南沿海时，曾掀起12英尺（3.7米）的风暴潮；1992年，波利号热带风暴（其猛烈程度还称不上飓风）袭击中国天津、引起20英尺（6.1米）高的风暴潮。在1900年9月8日发生在得克萨斯州加尔维斯顿市的飓风中，死亡人数超过了美国历史上任何一次自然灾害。这次飓风中，有六千多人（也可能是1万多人，没人能确定这个数字）丧命，其中大部分人是被20英尺（6.1米）高的风暴潮卷走的。这次飓风发生时，人们还没来得及给它命名。

飓风（或者叫科学家们使用的名字——热带气旋）即一个强烈的低气压或一个低压区。5级飓风是最严重的，可产生高达18英尺（5.4米）的风暴潮。风暴潮的规模取决于海床的形状。尽管加尔维斯顿飓风产生了巨大风暴潮，但它只能被定位为4级，因为风力够不上最大的。

低压，即天文学家所说的"气旋"，常见于中纬度地区。它们通常自西向东，带来低云及雨或雪，有时伴有强风。它们会产生坏天气，但并不一定是危险的天气，因为有些气旋很弱，不会产生太多的云和降水。气压在气旋中心处比非中心处低得多，这叫做低压。

气压与海平面

热带气旋实际也是低压，只是规模大得多。在热带气旋形成的过程中，其中心的气压比温和的中纬度低压要低得多。海平面处的平均气压是29.9英寸汞柱（HG），或1 013毫巴（mb），或表示为每平方英寸14.5磅。1级飓风是最温和的热带气旋，它的风眼处气压980毫巴（28.9

英寸汞柱；每平方英寸14.0磅）或更低。1996年，弗兰号飓风给南北卡罗来纳州、弗吉尼亚及西弗吉尼亚州造成惨重损失，被定为3级。它产生了每小时115英里（185公里）的稳定风速，中心气压是945~964毫巴（27.9~28.4英寸汞柱；每平方英寸13.5~13.8磅）。1998年席卷加勒比海地区的米奇号，给洪都拉斯造成毁灭性的损失，是现代最凶猛的一次飓风，它的中心气压最低时降至26.72英寸汞柱（905毫巴；每平方英寸12.9磅），算做5级飓风。中心气压必须一直低于27.1英寸汞柱（920毫巴；每平方英寸13.2磅）的飓风才是5级飓风。

尽管米奇号飓风的中心气压比正常情况降低了11%，但一般来说，气压的下降平均不会超过5%~7%。这个下降比例很小，但是它所引起的后果却不容小觑。大气压是某区域上方空气的重量施加给区域表面的压力（参见补充信息栏：气压——高压和低压）。当池塘水静止时，池塘表面完全是平的，你甚至可以看到它反射的影像。这是因为，空气施加给池塘表面的压力是均匀的。

补充信息栏　气压——高压与低压

空气变暖时，体积膨胀，密度减小；变冷时，体积缩小，密度增大。

空气的膨胀是通过把周围的空气推开而实现的。因为密度低于紧挨在它上面的空气，所以膨胀的空气会上升。然后，密度较大的空气补充进来，将其往上推。由于与地表的接触，这些密度较大的空气也会变暖、膨胀和上升。

我们想象一根空气柱从地面一直延伸到大气层顶端。下方的热量使空气不断被推出空气柱以外，这样，相比温度较低时，空气柱内的空气减少了（空气分子数量减少）。空气量减少后，其对地表施加的压力就随之降低。于是便形成了一片地面气压较低的区域——这里所说的低是相对于其他地方而言的。这样的区域术语上叫做气旋，但人们往往简单地称其为低压。

而对于变冷的空气，情况则正相反。空气分子之间的距离越来越小，造成空气收缩，密度变大，从而下沉，更多的空气被吸引到不断下沉的空气柱中来。空气柱中的空气量增加，导致其重量变大，地面气压也提高。这样便形成了一个高压区域，叫做反气旋，或简称为高压。

在海平面上，大气的压力足以将空气被抽走的管中的水银柱升高大约760毫米（30英寸）。气象学家把这样大小的压力叫做1巴，并使用毫巴（1 000毫巴（mb）=1巴 = 10^6 达因/厘米 ^{2}=14.5磅/英寸 ^{2}）来度量大气压力。报纸和电视发布的天气预报仍然使用毫巴为单位，但国际通行的压强单位已经改变。现在，科学家们使用帕斯卡（Pa）来度量大气压力：1巴 =0.1 Mpa（兆帕，即百万帕斯卡）；1毫巴 =100帕斯卡（百帕）。

空气压力随高度递减，这是因为上方施加压力的空气不断减少。监测地面气压的气象站被设在许多海拔不同的地方。

各气象站获得的压力读数都被调整为海平面气压，以消除高度所造成的差异，从而相互进行比较。气象学家们用线将海平面气压相同的地方连接起来。这样的线叫做等压线，气象学家利用它们来研究压力的分布。

与水往低处流的道理相同，空气也由高压区向低压区流动。其速度，也就是我们感受到的风力强度，取决于两个地区之间气压的差。这叫做气压梯度。在天气图上，气压梯度是根据等压线之间的距离计算的。同样利用这种方法，在普通地图上，也可以根据等高线之间的距离测量出山地的坡度。如图32所示，梯度的坡度越大，等压线之间的距离就越近，

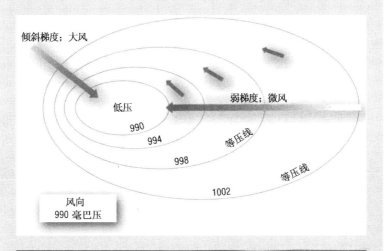

图32 气压梯度和风速
与等压线成直角的风叫梯度风。在地表上空，与等压线平行方向吹的风，叫做地转风。

风力也就越强。

移动的空气受科里奥利效应（参见补充信息栏：科里奥利效应）的影响。科里奥利效应使空气在北半球向右偏转，南半球向左偏转。所以，离开地球表面的风以与等高线平行的方向流动，而不是横跨等高线。地面的摩擦力也会对移动中的空气产生影响，降低风速，削弱科里奥利效应的作用。这就造成风沿着与低压相同的方向跨越等高线。陆地上的摩擦力大于海洋。其结果就是地面风在海洋上以大约 30° 的角度跨越等高线，而在陆地上的角度则约为 45°。

假设池塘的某一小块区域上方空气比其他地方稀薄，你可以把它看作低压区。空气越少，气压越低，空气对那个区域表面施加的压力就越小，因此这个地方水面会上升一点。实际上，气压每下降0.03英寸汞柱（1毫巴；每平方英寸0.01磅），水面就会升高0.4英寸（1厘米）。在热带气旋中心，气压下降的幅度可比这大得多。米奇号飓风的中心气压最低时低于平均海平面气压3.2英寸汞柱（108毫巴；每平方英寸1.6磅）。结果，气压中心之下的海水升高了43英寸（1.1米）。

我们可能认为水会"自己找平"，因此广阔的水域表面一定是平坦的。其实不然。由于气压的差异，海面有些地方高，有些地方低。气象卫星用雷达来测量海平面高度的地区差异，因为根据这些差异，我们就能计算出海洋表面的气压值。

热带气旋助长了潮汐的威力

热带气旋穿过海岸时，由于风暴中心气压降低，海平面将会上升。海平面上升2英尺（60厘米）这本身不算什么，但是，如果发生在海水涨潮时，或大潮升至最高处时，后果可能就不堪设想了。

气压的差异所导致的后果还不仅如此。它会引起空气流动、形成风，呈螺旋状移动到低压中心。风力同低压内外的气压差异值成正比。这个差异也叫气压梯度（或等压斜面），类似于山的斜坡，而空气沿斜面下移就如同水沿山坡下流。气压梯度较大时，会产生飓风。在海面上，风会促使海浪形成。风速超过每小时110英里（177公里）的持续风能够生成三十多英尺（9米）高的波浪。波浪从波浪源开始向外移，其波周期较长。当它们逐渐减慢速度时，被速度较快的波浪赶上。如果几个波结合在一起，波峰与波峰叠合，波谷与波谷叠合，这样，波浪就会更大。

在低压引起的海平面上升与风产生的波浪综合作用下，风暴潮诞生了。如果风暴潮到来的时间恰好和高潮发生的时间吻合，就会形成涌潮。当人们预报涌潮时，用海平面高于高潮水位的距离来表示涌潮的高度。如果高潮又恰逢大潮，这个高度会更高。在满月或无月时，如果发生风暴，将会引发最严重的涌潮。

防洪屏障

风暴潮不单只发生在受热带气旋影响的地区。伦敦下游处的沃尔维奇有一排防洪门，叫做泰晤士河屏障。这些防洪门建于1982年，共花费7.58亿美元，其目的是使伦敦免遭风暴潮引发的水灾的袭击。由于这一地区陆地在下陷,高潮水位自1780年以来上涨了5英尺(1.5米),所以在未来几年,人们有可能修建更多的防洪门。1663年,英国人萨米尔·帕皮斯曾在日记中记载,伦敦中部的大部分地区都有被水淹没的经历。

现代最严重的一次风暴潮发生在1953年。在英国的绍森德海岸,在高潮到来以前的两个半小时内,海平面上升了9英尺(2.7米)。高潮到来时,海平面仍比平时高出5.5英尺(1.7米)。风暴潮在北海附近移动,造成了英国以及荷兰两国人民的生命财产损失。

潮汐和风暴潮在北海周围都是逆时针运动的。来自大西洋的潮水自北和南分别涌入北海,因此方向相反,最终相遇。这样,水在前后拍击的同时,形成了复杂的振荡。水的运动要受到地球自转以及科里奥利效应的影响(参见补充信息栏:科里奥利效应),因此会绕三个"无潮点"逆时针方向流动。这三个点附近是没有海浪运动的。如果低压团穿越北海的北部海域,它会产生自北吹来的大风,生成长周期的波浪绕海运动。而同时,低压也会使海平面上升。当这些因素同潮汐的流动结合在一起时,产生的涌潮会很大。

潮汐会引起海平面有规律地上升,这是可以预测的。由于风暴中心气压降低,所以风暴也会引起海平面升高。此外,风暴也会促进海浪的生成。因风暴而引起海面升高,而此时恰逢高潮,就会产生涌潮,水以极大的力度涌上岸。

四

如何应付洪水

季风

　　进入4月份,处于中纬度地区的欧洲和北美洲就会迎来春天。到处都是春暖花开的景象,预示着夏天也很快要来临。

　　印度、巴基斯坦同中纬度地区完全不同,这里的4月并不是春季,而是一个炎热的季节。经历了漫长干燥的冬季后,这里的地面几乎变焦。现在,太阳就直射在头顶,气温在飞升。除了沿海地区由于靠海近而温度适中以外,其他地区很快就达到90℉(32℃)。几个月来,盛行风自东北方向吹来,带来了喜马拉雅地区的干燥空气。现在,风减轻了,空气就好像静止了。有时,相对湿度甚至降至1%(参见补充信息栏:湿度)。

五月间，气温继续上升，北部达到了最热。在巴基斯坦的雅各布阿巴德地区，日间最高气温达到111℉（44℃），而此地最高纪录是123℉（51℃）。在一天中最热的时刻，人们根本无法工作。夜间温度会降低一些，平均夜间温度是78℉（26℃）。在印度孟买，日间平均气温是91℉（33℃），到夜间降至80℉（27℃）。南部还稍微好一些。斯里兰卡日间气温很少升至100℉（38℃），但夜间同北部差不多。这里比北部湿润得多，因为这个次大陆的南部经常降大雨，而北部少降水，因此干燥。

到了5月末6月初，干燥炎热的天气让人无法忍受。但此时，天空也会有所改变。6月份第一周快结束时，云出现了。在白天，云层不断壮大，自东向西飘移；而在夜间，云又逐渐消散，却没有带来降水。日复一日，云不断壮大，不断变暗。空气中湿度增加，干热没了，取而代之的是让人感觉黏糊糊的闷热。这样的天气简直更糟糕。

最后，闷热的天气终于停止了。风力增加了，这次是西南风。天空的云也吹散了。孟买5月份平均降水量为0.7英寸（18毫米），而4月份滴雨未下。但是，到6月末为止，降水量已经超过19英寸（483毫米），并且整个夏天都会降水。9月份雨量降至10.4英寸（264毫米）；到了10月份，就只剩64毫米2.5英寸了。同孟买相比，雅各布阿巴德所在的位置距海较远，因此更干燥一些。那里5月份平均降水仅0.1英寸（3毫米），6月份0.3英寸（8毫米）。到了7、8月份，情况有所改善，降水量增至0.9英寸（23毫米）。印度的企拉朋齐位于阿萨姆邦的山区，海拔4 309英尺（1 313米），是世界上最潮湿的地方之一。它的年均降水量是425英寸（1.079 8万毫米），其中约86%——366英寸（9 302毫米）降水发生在5月至9月之间。

干旱与多雨，这是两种极端的气候差异。这种差异在南亚地区表现最为明显，其他热带地区也时有发生。自18世纪以来，人们就把雨季称作季风期。严格来说，季风有两个类型：冬季风和夏季风。"季风（Monsoons）"这个词可能源于阿拉伯语mawism，表示季节之意。

信风和冬季风

在冬季，内陆地区变得异常寒冷。陆地不能像海水那样储存热量，所以当热量散去以后，地面冷却，与之接触的空气也随之冷却。空气冷却时会收缩，密度随之增加，然后形成大面积的高压区。在欧亚地区，这个反气旋就位于喜马拉雅山以北的蒙古上空。

整个冬季，热带汇流区就处在次大陆以南较远处（参见补充信息栏：热带汇流与赤道槽）。这样，地处热带的南亚上空的盛行风即成为东北信风。信风遭遇冬季反气旋中的空气流以后，风力加强。此信风发源于大陆中心处的上方，它仅含的一点水汽又在穿越喜马拉雅山的过程中丢失，因此非常干燥。在山的南坡，空气下降。这种下降又使得空气在被压缩的同时温度升高，因此更加降低了它的相对湿度。此时已经开始变干的空气在穿越中部平原、驶往印度洋的途中，变得更加干燥了。次大陆南部地区由于暴露于信风之中，所以有了一些降水。这次信风从缅甸和泰国吹来，经过孟加拉湾时，积累了一些水汽，因此比较湿润。

　　从南北半球吹来的信风吹向赤道，气流相对而行，在赤道附近相遇，汇流在一起，信风的汇合是热带汇流，热带汇流发生的地区叫做热带汇流区。因为热带汇流区会在来自南北半球的空气间形成分界线，所以有时热带汇流区也叫热带锋面，然而它与极地和热带空气间的中纬度地区锋面相比，严格地说它还不是锋面。

　　平均来说，热带汇流区在海洋上比在大陆上形成得快。信风的汇流因风力不同，汇流过程中形成大气扰动，然后向西行进。热带汇流区很少发生在赤道无风带。

　　热带汇流区的位置一年当中都在变化。卫星图像上显示的云团带可清楚地反映热带汇流区的位置。图33显示的是热带汇流区在2月份和8月份的大致位置，可以看出在赤道北部比赤道南部产生热带汇流区的频率高，并且很少正好发生在赤道上。

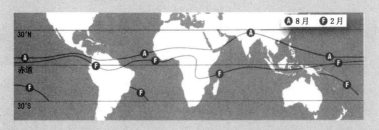

图33　热带汇流区
地图显示了2月份和8月份热带汇流区和赤道低压槽的大致位置。

然而，热带汇流区会正好发生在表面温度最高的热赤道。海平面气温的任何变化都可能造成热带汇流区位置的改变。海平面温度达到最高，也会快速产生对流，同时形成对流云和大雨。

　　汇流和对流都会造成空气上升，这样就减轻了海平面的气压，并在上空产生高压区，图34显示了这一变化过程。地面低气压被称作赤道低压槽，低压槽与热带汇流区的位置不一样，它与距离赤道最远的热带汇流区有一小段距离。

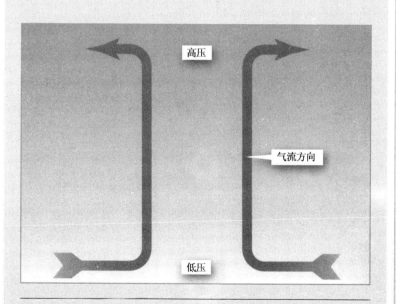

高压

气流方向

低压

图34 汇流
空气汇流到一起，然后上升，造成海洋表面低气压和对流层上方高气压。

位于喜马拉雅山以北的青藏高原海拔普遍高于1.2万英尺（3 660米），此处的高原同印度低矮陆地之间地势的强烈反差也造成了湿度的鲜明对比。西藏自治区首府拉萨海拔1.209万英尺（3 685米），1月份的平均日间气温是44℉（7℃）；拉萨以北较远处的乌鲁木齐海拔2 972英尺（906米），1月份的平均气温是13℉（–11℃）。接下来我们再把这两个地方的温度同印度的一些城市做个对比。德里海拔714英尺（218米），1月份平均气温70℉（21℃）；南部的海德拉巴海拔1 778英尺（541米），气温84℉（29℃）。还有一点要补充的是，1月份无疑是这4个城市一年中最冷的月份。

中亚及青藏高原的低温加强了反气旋的活动，但这个反气旋的高压槽比较浅。低压槽延伸至东亚上空，在对流层高层，风自西吹来。对流层顶附近，出现了自西向东的急流（在对流层高层或平流层低层的强风带）。急流又被一分为二，分别吹向喜马拉雅山山南和山北。北面这条急流的位置极其善变，每年都不一样。它也是两条急流中相对较弱的。最后，两条急流会在山脉的背风面——中国北部和日本南部的上空相遇。

正是西行急流下方空气的下陷促进了低海拔反气旋的生成，同时也生成了阿富汗和巴基斯坦上空的西北干风。此风也吹过了印度的大部分地区（见图35）。

夏季雨

3月份起，赤道汇流区已经开始了季节性的北移。对流层顶附近的西风带也开始了北移。向南的急流仍旧维持在青藏高原以南，并逐渐削弱。随着日照偏向北半球，这里的阳光变得强烈了，地表

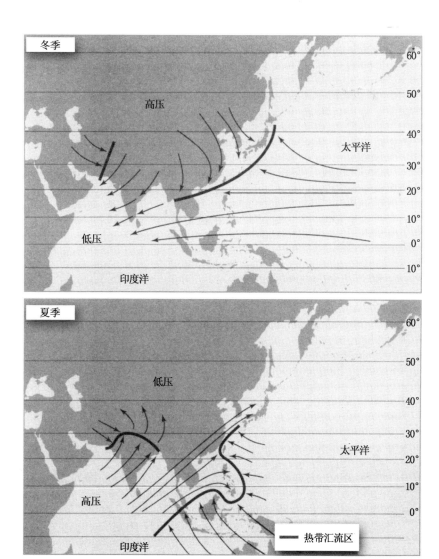

图35 亚洲冬季和夏季季风

在冬季, 中亚上空的高压生成干风, 自陆地吹向海洋; 在夏季, 海洋上空气压较高,
湿风从海洋吹向陆地。

温度开始上升。

一段时间以内，赤道槽以北的下陷空气一直处在印度上空。同时，表面温度的上升促成了热地对流，形成当地的低压带。天气变得不安分起来，一些地方，主要是印度次大陆的东北部，发生了雹和风暴。在这里，自北方来的冷空气移到海面的温湿空气之上，湿气因此而变得极不稳定，雹线就此形成。雹线是一系列发展强盛的积雨云合并后形成的带状风暴，它的推进方向与雹线本身的延伸方向垂直。雹常发生于3、4月份。在恒河三角洲地区，被称为西北风。

与此同时，南部急流继续减弱，直至最后失去发展机制。5、6月份，它突然移到青藏高原以北。在急流削弱的同时，赤道槽继续向北迁移。热对流加强，最后压过了下陷空气。这标志着气压及风向分布上的彻底改变。大陆上空的下陷空气和表面高压被上升空气和低压所取代，表面低压又将空气拽向内部。

最后，热带汇流区停在了喜马拉雅山南坡。此时表面风自西南方向吹来，而上层风自东向西吹。东急流停在北纬10°和15°之间、海拔约5万英尺（15公里）处，而西急流移向赤道以南。

此刻，雨会突然降临。自阿拉伯海上空吹来的西南风，风速每小时25~30英里（40~48公里），带来厚重的黑云和猛烈的风暴。雨自东南方开始，然后向西北方向匀速前移，5月10日左右，到达中国南部。5月20日左右，从印度的安达曼群岛一直到中国香港形成了一条雨带；到5月25日，雨带已延至斯里兰卡。在喜马拉雅山以东，季风穿越了中国、日本和朝鲜，到达北京附近的时间是7月末。在喜马拉雅山以南，雨带穿过了印度，7月15日左右到达巴基斯坦。

季风性水灾

某些地区的农民要依赖持续的大雨才能生存,在季雨来迟或根本未来的年头里,由此引发的干旱毁掉了庄稼,甚至使农民无法播种。农民没有了收入,难免会引起灾荒。然而,雨水过犹不及,季雨也时常带来水灾。

2000年是看似十分平常的一年,季雨照例到来,雨量也同往年相当。然而,到了5月中旬,季雨遭遇了涌潮,引发了印度尼西亚的西帝汶地区的水灾。至少140人死亡,2万多人无家可归。一个月以后,印度东北部阿萨姆邦和阿鲁纳查尔邦又发生了季风性洪水,至少20人死亡。水灾到此还不算完。6月12日,季雨引起了孟买附近一个居民聚居地发生山崩,八十多人丧命。第二天,中国的陕西省发生了泥石流,房屋被埋,120人死亡。几天以后,又有140人死于印度安德拉邦、马哈拉斯特拉邦以及古吉拉特邦的水灾中。进入8月份以后,安德拉邦又多次发生洪水,导致七十多人丧命。更为糟糕的是,同年9、10月份,印度的西孟加拉邦水灾造成九百多人死亡,而孟加拉国有500万人无家可归,另有150人死亡。

同年6月末—10月初,湄公河三角洲一带经历了40年来最严重的水灾。越南、老挝、柬埔寨受灾严重,至少315人死亡。到了10月末、11月初,季雨又在印度尼西亚、泰国和马来西亚肆虐起来,引起洪涝灾害,导致近200人死亡。由此看来,2000年真是不平常的一年。

世界其他地区的季风

干湿季风季节的交替是由气压分布的变化引起的,而气压的分布同赤道槽的季节性运动相关。因为青藏高原和喜马拉雅山脉面积广、海拔高，所以季风加强，在亚洲表现最为明显。季风气候不仅仅影响到亚洲，也影响到世界其他地区，只不过表现没那么明显而已。

在冬季，东北信风自赤道槽北面吹起，穿越撒哈拉地区后，到达西非。从撒哈拉吹来的信风很干燥，这并不奇怪。位于几内亚的科纳克里地区在12月至次年4月整整5个月内，降水量仅有1.9英寸（48.26毫米）。

通过赤道槽时，风向会发生改变。这时，来自大西洋的温湿空气会穿越科纳克里地区，使其降水量猛增。从5月初至11月末，这一地区的降水量达到167英寸（4 244毫米）。尽管这里不同时期的降水量差别较大，但是全年的温差并不大，日间平均气温82~90℉（28~32℃），夜间平均72~75℉（22~24℃）。

西非的大部分地区都是这种气候，印度也类似。亚洲和非洲季风的主要区别在于雨季开始的时间不同。非洲没有类似于喜马拉雅山这样东西走向的山脉，因此不能阻挡赤道槽的迁移。所以，赤道槽可以在春季稳定地北移，同时伴有适当降水，但不会突然出现季风气候。夏季风给撒哈拉沙漠南缘的干燥陆地带来了降水。

美国的部分地区也会出现季风气候，只是与西非季节相反。在夏季，亚热带反气旋先于赤道槽在太平洋上空北移，给落基山脉以西的大部分地区带来了干燥的天气。洛杉矶在4月初至10月末的降水量仅为2.3英寸（58.4毫米），而在冬季，即11月份至次年3月，降水量达到12.7英寸（322.6毫米）。由于反气旋紧随赤道槽南移，所以才会出现冬季多降水的现象。

美国东部也存在季节的变化，只是不那么明显。在夏季，以亚速尔群岛为中心的反气旋加强,同大陆上空的空气汇流相结合,产生了东南方向的湿气流。湿气流穿越墨西哥湾后,在附近各州登陆。在冬季,亚热带高压减弱,风主要自北或东北方向吹来,气候变得干燥一些。

在非洲,如果不出现季风气候,撒哈拉周围的半干燥地区就会发生干旱;如果季风带来强降雨,就会引发水灾。总体来说,这一地区发生水灾的可能性比南亚小得多。在美国,如果冬季不降水,加利福尼亚州就会发生水荒。在那里,季节性的强降雨通常不会引起水灾,而引起水灾的罪魁祸首是厄尔尼诺(参见补充信息栏:厄尔尼诺)。

含水层、泉水及地下井水

地表以下的水叫做"地下水"。地下水会穿过带孔的土壤和岩石,缓慢下渗。在下渗过程中穿过的物质层叫做"含水层(Water-bearing)",这个词源于拉丁语auqa(水)和ferre(包含)构成的合成词。

并非所有的岩石都会渗水,那些无法渗水的岩石叫做弱透水性岩体(隔水层)或不透水层。弱透水性岩体之所以得名,是因为水穿过它的过程极其缓慢,而且困难。不透水层,顾名思义,根本不会吸收水,也不允许水流经此处。

如果含水层同其中任何一种岩石相接,那么地下水在两层接壤处会放慢流速,或者根本无法流动。这样,水就会在此处聚集起来,地下水面就会上升，最后高出弱透水性岩体层或不透水层的顶端。在这两种障碍物之上，地下水还会继续流动。此时，地下水就处于一个局部不透水的物质层之上，停留在高处。

岩石层中是否含有含水层取决于岩石粒子之间缝隙的大小，这叫做岩石的"孔隙度"。从地质学角度来说，土壤也是岩石的一种。水穿过岩石的难易程度叫做岩石的"渗透性"。孔隙度和渗透性并不是同一回事，具有渗透性的岩石一定具有孔隙度，但是有孔隙度的岩石并不一定具有渗透性。

土壤粒子和粒子之间的孔隙空间

如果土壤粒子之间的孔隙大，则水流畅通；如果孔隙小，水只能通过毛细作用流动。当孔隙间充满水时，水就再也无法进行水平流动了。在地下水面之上的毛细边缘，水在毛细作用的拖动下向上流。由于这个力大于重力，水分子被吸引到孔隙的边缘。黏土由微小的粒子构成，也会因充水而达到饱和状态，但是它会严重阻碍地下水的流动。

如果孔隙空间太大，水不会受到毛细作用的严重影响，那么此时水流经孔隙的速度同孔隙半径的四次方成正比。举例来说，有两个玻璃管，其中一个的半径是另外一个半径的2倍，那么水流经大玻璃管时的速度是流经窄管速度的16倍（2^4）。

土壤粒子大小不一、形状各异，但严格划分起来，不外乎7个主要类型——球状、屑粒状、碟状、块状、次棱角块状、棱柱状和圆柱状（见图36）。球状粒子较小，紧密结合在一起，因此构成的土壤相对无孔隙；屑粒状例子与球状相似，但构成的物质孔隙多些；碟状粒子通常彼此重叠,构成密不渗水的结构,黏土就是由微小的碟状粒子构成的;块状、次棱角块状、棱柱状和圆柱状粒子较大,组成的土壤多孔,易渗水。当然,土壤不是由松散的粒子构成,土壤中的化学物质将土壤粒子紧密粘连在一起,形成小块,叫做"团聚体"或"天然土块"。天然土块又彼此粘连,形成更大的土块,叫做"岩块"。

球状　　　　　　屑粒状　　　　　块状

碟状　　　　　　次棱角块状　　　　棱柱状　　　圆柱状

图36 土壤粒子
土壤粒子被划分为7个基本类型,其大小和形状严重影响到水渗入地下的难易程度。

你可以用一架精确的天平或秤来称土壤样本的重量,以此计算出土壤孔隙的数量。首先,称出秤盘的重量并作记录,然后将土壤样本放入秤盘,加水至土壤完全饱和但没有多余的水停留在秤盘表面。称一下加水后的土壤重量,减去秤盘的重量,记录土壤的净重。现在将秤盘放在低热的炉子上面,停留几个小时或者更长时间后,将其移走,冷却。再称一下土壤重量,别忘了减去秤盘的重量。将第二个重量与第一个重量作以比较。用第一个重量(W_1)去除第二个重量(W_2)再乘以100,即($W_2 \div W_1$)×100,得出的结果就是孔隙的数量占土壤总重量的百分比。如果你知道土壤结合在一起的紧密程度,那么就可以将刚才的结果转换成与土壤总体积的百分比。对多数土壤来说,每立方英寸土壤粒子重1.52盎司(每立方厘米土壤重2.65克)。知道了这个数字,就可以计算了。如果单位用克和立方厘米表示,公式就是($W_2 \div W_1$)$\div 2.65 \times 100$;如果用盎司和英寸表示,公式为($W_2 \div W_1$)$\div 1.52 \times 100$。

如果你想知道土壤样本中孔隙的确切体积,你需要知道用克表示出来的两个重量(1克=1盎司×28.4)。$W_2 - W_1$得出的是饱和的土壤中水的重量。1克水占据1立方厘米的体积,所以用克表示出来的水的重量就等于水的立方厘米数,这就是土壤样本中孔隙的体积(1立方厘米=0.061立方英寸)。

渗透性

某一物质的渗透性可以由水在其中的渗透速度来测量,这叫做物质的渗透系数。不同物质的渗透性可以划分为3种:缓慢、中速及快速。表1就是依据地下水渗透速度来划分的物质渗透性。

表1　土壤渗透性分类表

级　　别	渗透性(厘米每小时;英寸每小时)
缓　　慢	
极　　慢	小于0.13;小于0.05
较　　慢	0.13~0.51;0.05~0.20
中　　速	
中速偏慢	0.51~2.03;0.20~0.80

级　　别	渗透性（厘米每小时；英寸每小时）
中　　速	2.03~6.35；0.80~2.50
中速偏快	6.35~12.7；2.50~5.00
快　　速	
较　　快	12.7~25.4；5.00~10.00
极　　快	大于25.4；大于10.00

河水、泉水、渗流及含水层

连续的强降雨通常不会立即使河流发生太大改变。如果河流两岸都已耕种，就会有管道将水从农田中排出，这是农民们安装的排水体系。只有极少量水流过农田表面，基本不会溢出田埂。河流同往常一样继续流动，水面没有立刻上升。几小时或几天后，雨可能已经停止了，但河面却开始上涨了，这时有可能发生水灾。

下雨后为什么没有立即发生水灾，而是几天之后才发生呢？河流的供水来源并不是地面水流和田地中排放的水流，而是地下含水层。水排放到强降雨地区排水盆地的含水层后，饱和层的厚度增加，地下水面上升。但是其他水到达河流还需要一段时间，时间的长短取决于水流经的路程远近、含水层的渗透性大小以及坡度这三个因素。

在图37-A中，河床的一部分位于地下水面之下，构成了地表的一部分。当强降雨增加了含水层的水量时，从河床下方不断增高的地下水面流出的水源源不断地进入河流，而位于河床之上的地下水面的水却不会流入河中。如果构成含水层的物质在大面积内是一致的，那么水流过的速度也是一样的，整个区域内河流水位会同时上升。

假设含水层遇到了阻碍物，比如在某处土壤的构成发生了变化，沙土变成了黏土，就会形成隔水层。或者不可渗透的物质层之下的岩石出现了断层后，出现部分上升或下降的情况时，含水层就会遭遇到一堵不透水的墙，即不含水层。这时，水聚集起来，地下水面上升，在阻碍物之上，水继续流动。较高层的地下水位同地表重合或者接近地表（见图37–B）。这样，地下水就会自地表流出。根据地表类型的差异，流出的水或形成小水塘，或被附近的土地吸收。在这两种情况下，水流到一定程度时都会溢出。如果地表一直处于地下水面之下，流出的水就会形成小溪流，在地下水到达地表的地方就会形成"泉"。如果小面积土壤吸收了水后却没有明显自地表下外流，会逐渐形成渗流。

泉和渗流是由于地下岩石和土壤的特殊构造形成的，它们可以出现在任何地方。处在高地的河流都是由泉或渗流逐渐演变而来的，山谷和平原上也常见它们的踪影。有些泉和渗流从未干涸过，这就意味着为它们提供水源的含水层从未完全枯竭过。

大雨或高山融雪可以将温和的泉流变成急流。泉开始的地方就是地下水面达到地表的标志。如果因为更多的水流入后，饱和层的厚度增加，地下水面上升，那么水就会无遮无拦地流过地表。水再也不需要缓慢地穿过带孔隙的岩石或土壤，它的流速仅仅由重力决定了，饱和层中的水就会迅速排出。小溪流变成了流速极快的河流，在流下坡的过程中不断分流或汇流，最后作为支流流入较大的河中。大河的水位会因此而迅速上升。

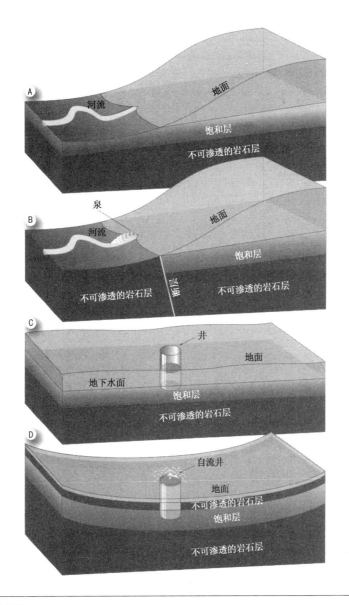

图 37　地下水

依次为：河、泉、地下井和自流井

井

如果你想寻找水，而附近又没有河流，这时你不必千方百计地四处搜寻泉水。你只要在脚下挖一个洞，就会得到水（见图37-C）。这是很简单的一件事，至少从原理上来说是这样的——从地表开始挖，一直挖到地下水面之下，此时洞的底部会出现水，可以用水桶提出或用抽水机抽出。这就是井。这个原理很简单，但实际操作起来可能会遇到一些困难。有时地下水面可能位于地底深处，挖一口深井可不是容易的事情。在澳洲的某些地方，人们要挖近6 000英尺（1 830米）深才可得到井水，因此那里的水是稀有资源，也是价格昂贵的商品。在世界范围内，大部分井不足100英尺（30米）深，但是即使这个深度也是工人们辛勤挖掘的结果。

位于渗水的土壤下面的含水层叫做"无压含水层"；位于两个不透水的物质层之间的含水层叫做"承压含水层"。这两种含水层可以同时出现在同一个地方。由固体岩石层形成基座，紧密组合的黏土层位于饱和层之上，将其封住，无法流到上方。这个不透水的黏土层上面是较厚的渗水土壤层。此时可能会形成第二个饱和层，产生两个含水层，由一层不透水的物质层将二者分开。下面的含水层就是封闭含水层，而上面的就是无界限含水层。

岩石层经常是凹凸不平的，所以会出现凹陷处或凸起处。当地下水流入下面不透水层的凹陷处时，会在那里聚集起来，直至地下水面升高到水流溢出凹陷边缘为止。但是，如果含水层是封闭含水层，地下水面不会上升至下面不透水层的基底之上。含水层达到饱和，流入其中的水的重量对其施加了较大压力，使其向上，溢过凹陷上层的边缘。在图37-D中，含水层已满，水的重量对凹陷中心处施加的压力加大。如果这是无界限含水层，凹陷处的水面将会上升，地下水面升至同一高度，同凹陷口边缘看齐。

如果你从地表钻一个洞，深度超过上层不透水层，你会知道接下来发生什么。一旦某处的净水压力释放出来，那里的水就会上升。陷入凹陷处最低点的井会喷出水来，既不用水桶也不用抽水机便可得到（见图37-D）。你也可以用橡皮或塑料管作封闭含水层来演示这个过程。

1126年，距法国里尔不远处的一个小镇丽勒兹就挖掘了一口这样的井，自流井也因此而得名。丽勒兹就位于当时的阿特斯省（现在的加来海峡省）内，而阿特斯在罗马语中是Artesium，法国人又就此演变出一个形容词artesien，到英语中就成为artesian。喷水井通常也称作artesian well（自流井）。

如果你住在平原上的河流附近或几英里宽的山谷中，你不必为大雨而担忧。降落到平原或山谷中的雨水并不会引起河流泛滥，而是当河流流域的大面积土地遭遇大雨或上游远处山脉的融雪时，最容易发生水灾。在没有任何迹象的情况下，大量水可能已经在地下流过了很远的路程后才浮出地面，淹没农田和家园。

植被与自然排水系统

每年的7、8月份是尼泊尔的雨季，亚洲夏季风给这个国家带来大暴雨。季风并不稳定，降水量也时大时小。1996年是降水较多的一年。

　　在8月5日星期一这天，连续的降雨引发了山体滑坡。距首都加德满都东北55英里（88公里）的吉格拉库村，数十间房屋被卷走，四十多人死亡，这使1996年死于山体滑坡和洪水的尼泊尔人数量增至218人。

　　尼泊尔是一个小国，面积略大于美国阿肯色州，夹在印度和中国西藏之间（见图38）。在世界的十大高峰中，有8个位于尼泊尔境内，包括埃佛勒斯峰（中国与尼泊尔边界，我国称珠穆朗玛峰）、干城章嘉峰（尼泊尔与锡金边界）和安纳布尔纳山。既然有了高峰，同样会有山脚下地势相对低矮的地区。在尼泊尔南部，大面积低地都已被耕种，主产大米。在地势较高的地方，农民们也分别种植了玉米、小麦、粟米、甘蔗和其他作物。此外，他们还饲养了奶牛和水牛。

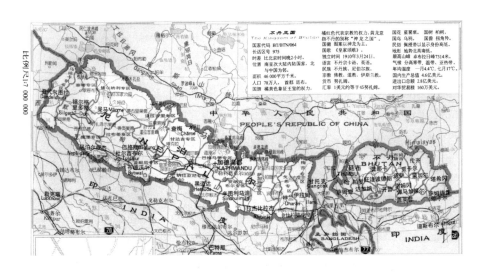

图38　位于印度与中国西藏之间的尼泊尔

在过去,这里的山坡被浓密的松木与杜松覆盖,纬度稍高的地方长满杜松丛和野草。后来,穷苦的农民们不得不将其耕种范围逐渐向山坡上扩展,为了耕种田地、建造家园而砍伐森林。

1953年,来自新西兰的爱德蒙·希拉里爵士登上了埃佛勒斯峰峰顶,尼泊尔吸引了全世界的注意力。此时这个国家正在全力发展经济,建造了多处住所、医院和学校,也修建了公路和桥梁,甚至还有飞机场。交通的改进为这个国家吸引了更多的游客和登山者。他们为了在高山气候中生活,需要建造房屋,需要得到燃料进行取暖以及烹饪,而这些燃料及建筑材料的来源就是大片的森林。到20世纪70年代,平均每年有5 000名外国游客来到埃佛勒斯峰地区,另有1.5万左右尼泊尔人搬到这里来为游客提供服务。在这种情况下,森林被大面积砍伐了。

现在,在国际援助下,尼泊尔人开始植树造林,以弥补20世纪70年代乱砍滥伐造成的损失。虽然人们已经有了保护森林的意识,但是乱砍滥伐的现象依然存在。在1990—2000年的十年间,森林砍伐率仍为平均每年19.3万英亩(7.8万公顷),而被砍伐的树木主要用来做燃料。2002年,乱砍滥伐现象还在继续,当年低地地区森林砍伐率为1.3%,山坡处砍伐率为2.3%,灌丛带为4.8%。尼泊尔的森林覆盖率接近40%,而其中至少1/4的森林状况欠佳。人们也正在为此付出代价,吉格拉库村村民的性命就是最惨痛的代价。

由于森林被砍伐,季雨畅通无阻地降落到山坡上。雨水冲走了地表的大量土壤,流入恒河,最后排放到孟加拉湾。在20世纪的后25年间冲走的土壤又可以在河流中形成新的岛屿。然而,水在流入恒河的过程中,泥土与岩石的混合物破坏了沿途的一切事物。

森林与水灾

尼泊尔的事例并不是特例。在希腊,一度树木茂密的山坡也由于乱砍滥伐而遭到破坏,居住在低地地区的人们不得不承受由此引起的水灾、山体滑坡和泥石流。在中国,森林遭到破坏而产生的负面影响一直持续到今天。那里有一个厚厚的黄土形成的平原,叫做"黄土高原",它是在中亚吹来的风的作用下逐渐沉积下来的。这里过去也曾树木繁茂,树木被砍伐后,雨水将土壤冲进黄河中,黄河也是因此而得名的。在黄河下游处,平均每立方英尺水中携带2.3磅(每立方米37千克)淤泥。随着淤泥在河床沉积,黄河变浅并多次泛滥,引发灾难性水灾。

意大利的亚平宁山脉也曾一度树木繁茂,然而当年的罗马军队意识到这是为敌军提供的一道天然掩护,对其加以破坏。在12世纪佛罗伦萨的扩张过程中,人们为了得到建筑材料而将树木砍伐,以后再也没有重新栽种,山坡变得光秃秃的。自1117年有第一次洪水记载以来,阿尔诺河曾发生多次灾难性大洪水(参见前言部分)。

蒸腾

植物能够吸收水分并将其返回到空气中,这个过程叫做"蒸腾"。由于蒸腾过程可以将大量的水分移走,极大地降低了发生水灾和泥石流的可能性。一棵向日葵从发芽到结出种子直至最终死亡的6个月中,能够蒸腾50加仑(189升)水;一棵桦树每天蒸腾95加仑(360升)水,而一棵橡树每天蒸腾180加仑(680升)水。事实上,树木能蒸腾如此大量的水分,因此人们经常种植一些常见于河岸边和其他湿地处的耐湿物种来吸收湿地中的水分。在蒸发和蒸腾的综合作用下，一片树林会将降落雨水的75%送回到空气中。返回到空气中的水分确切数量取决于树顶端空气的温度和湿度。

下雨时，暴露在外的植物叶子与茎部被淋湿，部分水汽就此蒸发，部分从叶尖滴下或沿着茎流到更低的茎叶上面，然后从那里蒸发出去。同时，水不断地进入植物的根并在整个植物体内流动。流动的水为每个细胞带去了养分并增加了其韧性。树木和灌木这类木本植物有坚挺的茎和枝支撑着，而药草和青草这类草本植物必须有水的填充才能保持挺立。水必须不停地流过植物体内，这就意味着流出的水要由土壤中的水来取代。水分流经植物叶子上的气孔及根、茎、枝上的皮孔后，在其表面蒸发出去。这就是蒸腾。

要想测量一定时期内植物蒸腾的水量是可能的，但必须是在实验室条件下才能进行。在室外，人们很难区分哪些水汽是通过蒸腾作用进入空气的，又有哪些是直接在外露的植物表面蒸发出去的。在现实生活中，这两者通常是放在一起进行测量的，这个过程叫做"蒸散"。

微气候

如果你在炎热的日间穿过一片森林，你会发现那里的空气比林外凉爽潮湿，也更安静。当然了，树木能够挡风、遮阴，这是造成林内外差异的部分原因，而蒸腾作用也为此作出了重要贡献。当蒸腾的水蒸发时，植物表面及周围空气中的潜热（参见补充信息栏：潜热和露点）被吸收，起到冷却作用。另外，被蒸发到森林上方的空气中的水增加了空气的湿度（参加补充信息栏：湿度），为云的形成创造了有利条件。这是森林对气候产生的又一影响。总之，森林可以产生与周围环境不同的气候，即微气候。

不仅森林可以产生与周围环境不同的微气候，所有植被都可以。当你走过草地时，可能注意不到青草产生的微气候，这是因为它的范围较小，离地面较近，而你身体的大部分都处于微气候之外，因此无法感知。在地面处，空气的温度、湿度以及风的大小都会像森林中那样发生改变，只是变化较小。因为青草比树木小得多，所以蒸腾的水也少得多。在日间，大多数植物叶子表面每平方米1小时蒸腾的水分是每平方码0.4~7.3盎司（每平方米15~250克），到了夜间降至每平方码0.03~0.59盎司（每平方米1~20克）。如果一天中光照时间12小时，黑暗时间也为12小时，那么每平方码植物叶子日间共蒸腾水分0.096~1.56立方英寸（每平方米1.8~30.0立方厘米），夜间共蒸腾水分每平方码0.006~0.12立方英寸（每平方米0.12~2.4立方厘米）。

植物的根

如果说蒸腾作用是植物为我们提供的第一道防洪线，那么植物的根就是第二道防线了。植物的根能深入到土壤中去吸取水分。多数植物的根长到一定程度时，生出侧根，找到水后又分出更小的根叉。同所有生物一样，植物的根也会死亡分解，但是根在土壤中形成的通道会保留下来，增加了土壤中的孔隙空间，使多余的水能够向下排放，流入地下水层。

由于根藏于地下，我们一般不会注意到。但是，如果你尝试在树木的附近进行挖掘，就会看见它们的根有多长。即使你费力地挖了一个深坑，你也只能看见离地表较近的根；你也许注意不到更小的根叉,因为你的铁锹可能已经将它们切断。

多数针叶树木的根比较浅,因此比橡树、山毛榉这类宽叶树木更容易被强风吹倒。当针叶树被吹倒时,它的根暴露在外面,但你看到的只是整个根系的一部分,更小的根在树木倒下时断裂了。尽管根并不深,但它们向旁边扩展的长度超过了枝干的长度。与之相比,宽叶树木的根可以深入到土壤更深的地方,某些物种的锥形根可以垂直延伸到土壤相当深的地方。

对于大多数植物来说,根系的总质量至少要等于暴露在土壤外面的部分的质量。如果你把一棵树的所有根和根毛从头至尾连接起来,会达到几百英里,占据几千立方英尺的空间。即使较小的植物也可能有较大的根系。如果把一株小麦的根连接成一条直线,其长度可达40英里(64公里);一株大麦的根系总长度可达50英里(80公里)。如果任一株玉米自由单独生长,不受其他植物挤压,那么它的根可以划定100立方码(76.5立方米)的土壤。一株成熟的小麦根可以深入地表以下6英尺(1.8米)左右,而草原上的草根则延伸得更远,达到8英尺(2.4米)或更深处!

植物的根可以让空气进入到土壤中去,当根死亡时,又可以作为植物养分来喂养小动物并给它们留下活动的通道。然后,这些小动物们,尤其是虫类,又可以挖掘出自己的通道,用黏液将土壤粘住,防止通道塌陷。这个过程也促进了土壤排水。如果没有了植物,小动物也就没有了食物来源,它们也会很快离开。

除去植物根对周围环境带来的影响

如果除去某地所有的植被,环境就会立刻发生改变。植物表面进行的蒸发和蒸腾作用会立即停止，所有水都会降落到地面上并在那里停留，只有土壤表面进行的蒸发及自然排水体系能够排出一部分水。

由于没有了植物遮阴，没有了蒸散作用吸收潜热来冷却地面，地表上的微气候变暖了。随着地面升温，死亡植物组织的分解加速。这是因为温度每增加18℉（10℃），土壤微生物将复杂的大分子分解为简单的小分子这一化学反应的速度就加快2~3倍。分解作用通常会产生一些养分，由植物的根来吸收。但是，在没有植物的情况下，这些养分就聚集起来。某段时间内，土壤变得非常肥沃，但是如果仍旧没有植物来利用这些养分，情况就会发生变化。由于养分是可溶的，雨水会将其冲出土壤并带走。几年以后，土壤失去了肥料，植物难以生长。

在地面下，植物的根开始腐烂。根形成的通道空间被上面冲下来的土壤粒子填满，又没有新的根来维持土壤中的孔隙空间。这种情况下，土壤中的虫类或其他动物或死亡，或离开，而它们的隧道也逐渐被土壤填满。久而久之，土壤失去了原有的构造，变得不易渗水。

如果某地的原始植被是森林，将树木砍伐后会给这一地区留下伤疤。车辆在树木中行驶，木材被拖运走。小植物也被破坏，地表下层的土壤由于车辆的挤压而变得密实，车辆运输木材的路线通常变得沟壑重重。

大雨重击土壤后将其搅混成泥，土壤的渗透性因此而降低。水在下渗的过程中变得缓慢而吃力。不久，多余的水会沿地表流动，流入沟壑。随着水量的增加，小沟变成了小河。

这种现象随处可见，而在高地地区尤为常见，因为高地处比低地处降雨更为猛烈（参见补充信息栏：山坡处多雨的原因）。当空气穿越高地时受迫抬升，而抬升的空气温度会降低，平均每公里降低每千英尺5.5℉（10℃）。冷空气携带的水汽比暖空气要少，因此在上升空气冷却的过程中，它会较快饱和。云就在此时形成，带来比低地处更大的降雨。当你在山上行走时，时常会在高纬度处见到雾气和雨水，虽然此时山谷中可能还是晴朗天气。委内瑞拉的加拉加斯市海拔3 418英尺（1 042米），年均降水量是33英寸（838毫米），而不远处位于同一纬度的马拉开波市海拔20英尺（6米），年均降水量仅23英寸（584毫米）。这10英寸（250毫米）左右的降水量差异就是由于两个城市海拔不同造成的。

土壤侵蚀

山中的雨水通常降落在陡峭的山坡上。如果当时山坡光秃，土壤也失去了渗水性，那么水会直接流在地面上，冲到山谷中，并很快形成河流。同时，由于没有较长的植物根来固定土壤，流水将土壤冲走，冲入河中。土壤在河床上沉积下来后，河床增高，山谷中发生水灾的可能性随之增大。

这就是意大利的佛罗伦萨市、尼泊尔的村庄以及中国黄河泛滥平原一带的城镇频繁遭受水灾、山崩和泥石流的原因。曾经覆盖山坡、保护村庄的森林被砍伐后，人们若想减少水灾的发生，最好的办法就是重新植树造林。在某些国家，行动已经开始了。但是，恢复到从前的状态是很难的，也很昂贵，结果如何也还不确定。虽说困难重重，但从长远来看，植树造林仍不失为弥补损失的最佳途径。

五

水灾与农业

尼罗河水灾与阿斯旺高坝

　　每年当天狼星出现在地平线上时，都会有一条河流泛滥。这条河就是尼罗河。同古代另外两条大河——幼发拉底河与底格里斯河不同的是，尼罗河的水灾通常是有一定规律的。

　　生活在幼发拉底河与底格里斯河之间的美索布达米亚的人们经常遭受猛烈的暴洪突袭，带来的破坏简直是触目惊心，也严重影响了这一地区的面貌。美索布达米亚的牧师们花费大量时间研究天空和河流的状况，同时也发明出很多预测河水状况的方法。在政治方面，由于需要时刻对自然现象警醒，导致了强有力的政府和法律的出现，同时也促进了科学的起源和发展。而对于埃及人来说，生活是比较容易预测的。他们平静繁荣的古代文明就发源于尼罗河畔，而尼罗河事实上是东西岸由沙漠包围的狭长绿洲。那里普通人的生活方式3 000年来几乎没有太大变化。

尼罗河除了一些支流以外，主要是由两条河流——白尼罗河与青尼罗河构成。白尼罗河发源于布隆迪境内，是较长的一条；青尼罗河发源于埃塞俄比亚境内（见图39），它承载的水量较多，是每年洪水的主要来源。两条河流在苏丹首都喀土穆交汇，在其下游200英里（322公里）处，又与阿特巴拉河相遇。阿特巴拉河及其支流在干燥的季节里水量极少，只不过是一串溪流而已，但是到了雨季河流变宽变大，河水混入污泥。这时的阿特巴拉河中充满了淤沙，成为古代埃及农民生活的主要来源。

一年一度的尼罗河水灾

埃及气候干燥，首都开罗年均降水量不超过1英寸（2.5厘米）。位于开罗以南555英里（893公里）以外的阿斯旺省几乎终年无雨，而尼罗河上游处雨量增加，白尼罗河与青尼罗河发源的高地处年均降水量为50英寸（270毫米）。尼罗河之所以具有如此规模并不是因为它的排水流域雨量充足，而是因为它的排水流域面积比较大——100多万平方英里（259万平方公里）。在苏丹和埃塞俄比亚境内的排水流域的降水量季节性极强，7、8月份达到最大值，为尼罗河输送了大量的水。在8月末、9月初这段时间，埃及境内的河水流量达到最大值，水灾就经常在此时发生。

在一年一度的水灾作用下，阿斯旺北部靠近地中海沿岸处形成了一个泛滥平原，覆盖着一层60英尺（18米）厚的肥沃冲积土。此外，每年洪水还会带来110~160万吨（100~145万公吨）淤沙，其中一部分沉积在泛滥平原上，另一部分随着河流流入海中。即便如此，

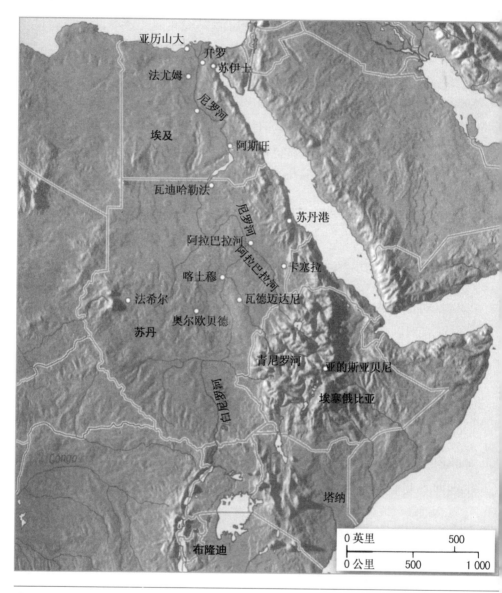

图 39 尼罗河流经的国家：埃及、埃塞俄比亚、苏丹和布隆迪

尼罗河并不十分混浊。在洪水期间,泥沙与水的比例平均为1 600/
100万,比科罗拉多河和密苏里河少。泛滥平原最宽处不超过12英
里(19公里),使开罗北部形成一个三角洲。三角洲向北延伸100英
里(160公里)至地中海岸,最宽处达到155英里(249公里)。泛滥
平原和三角洲为人们提供了肥沃的农田。过去,尼罗河至沙漠边缘
的河堤将三角洲以南的地区分成了大小不一的盆地,面积从2 000
英亩(809公顷)至8万英亩(3.237 6万公顷)不等。从河流至盆地
由较短的运河连接,在非洪水期内,由河堤将运河阻住。

尼罗河水位测量仪

古代农民可以定时读取尼罗河上游各处的水位测量仪上的数字
来预先知道洪水来临的信息。测量结果最精确的是开罗的罗达岛上
的测量仪(见图40)。尼罗河河水经过一个通道后进入蓄水池,根据
连通器原理,蓄水池水位应该一直同尼罗河水位保持一致,即使大
的波浪也无法令其发生改变。在本图中,人们可以通过蓄水池中央

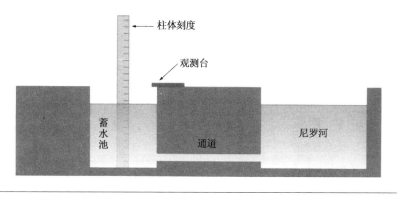

图40 尼罗河水位测量仪

的柱体上的刻度读出水位。有些测量仪的刻度就在蓄水池壁上，可以直接读出。水位测量仪记载的数字一部分被保存了下来，其中最完整的就是来自罗达岛的，包含了从公元622年—1522年共900年的数据，其中部分数据缺失。

当人们从水位测量仪上得出的数据得知尼罗河水位上升时，他们将泥水释放到运河中，在盆地处形成几英尺厚的新淤泥层。水在运河及盆地处停留几周时间。这段时间内，泥土淤积，水被土地吸收。这时，尼罗河水位下降，剩余水流回河中，留下松软、黏稠的泥土，供农民进行播种。过一段时间天气干燥，泥土会变干变硬。所以，当尼罗河水位下降以后，人们不得不从井中提水来灌溉庄稼。

存在危险隐患的可持续农业

古代人的农业体系肯定同我们今天所说的"可持续农业"差不多——人们1年只种1季庄稼，但是年年如此，并且持续了几千年后还没有土壤恶化的迹象。

然而，在尼罗河流域，人们还有一个难题。尽管尼罗河水灾发生的时间比较有规律，但是水灾规模是难以预测和驾驭的。有时河水甚至不能填满所有的流域，庄稼常常收成较差，还会引起灾荒。如果连续几年不泛洪，引起的灾荒不堪设想。罗达岛的水位测量仪就曾经记录连续几年水位偏高或偏低的状况。当水位高于以往时，水冲破堤岸，冲进家园，威胁到整个农业体系。

因此，在19世纪中期，人们修筑了低坝来阻止河水。每隔几个星期，人们适度地释放出一些水。这样，尼罗河流域的农民每年可以种2~3季庄稼，尼罗河及其支流也逐渐得到控制。此时，大面积

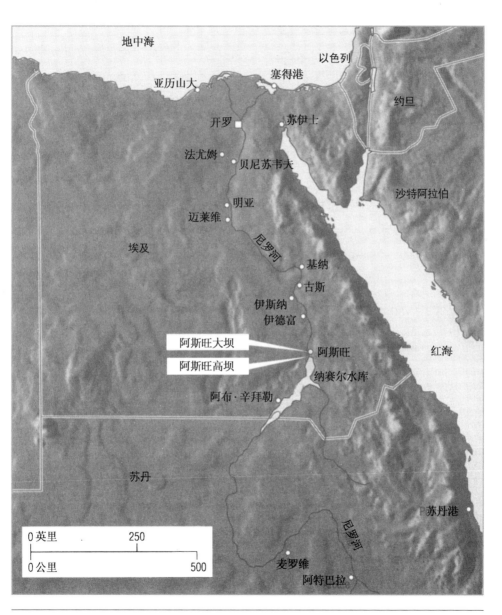

图 41　尼罗河与阿斯旺坝

耕种土地已经成为可能,农业产量随之增加。

虽然有了这样一个较大进步,但是要想全年种庄稼还是不可能的。19世纪后半叶,人们为了进一步控制尼罗河,延长种植期,修筑了6条大坝,其中最后一条建在阿斯旺下游3.5英里(5.6公里)处(见图41)。这条大坝于1902年竣工,1907年与1929—1934年间被两次加高。在当时,它是世界上最大的大坝之一,坝身全是花岗岩,长1.5英里(2.4公里),蓄水量达64亿立方码(5 351立方米),可以填满上游处150英里(240公里)长的湖。坝内共有80个水闸,夹杂着淤沙的大水可以畅通无阻地通过。当大水退去时,水闸关闭,水被储存起来待干燥季节里使用。

大坝的功用还不仅仅这些,水的规律流动还可以带动涡轮机发电。1960年,埃及人在阿斯旺大坝建造了发电厂,开始用水力发电。

阿斯旺高坝

同年(1960年),埃及人又开始了一项更加浩大的工程——在阿斯旺大坝上游4英里(6.4公里)处修建阿斯旺高坝。修建的蓝图最初是由德国人提出的,后经苏联工程师的修改,主要目的是让埃及人不再依赖一年一度的洪水作为灌溉水的来源,增加可耕种的农田面积以及利用水利设施大量发电。人们共花了8年时间建成了高坝,又花了2年时间安装了12套水力发电机组,这些都是由苏联制造的。此外,苏联还派出了四百多名技术人员亲临现场并提供了10亿美元修建费用的1/3。在大坝修建过程中,最多时雇佣了大约3.3万名工人。

1971年1月15日,阿斯旺高坝正式竣工。坝身364英尺(111

米）高，2.3英里（3.7公里）长，坝基最厚处达3 000英尺（915米）。如果不亲眼所见，你很难想象它的规模。做个形象的比喻，它的体积是吉萨金字塔的17倍左右。这里的水力发电机年发电量21亿瓦，占整个埃及用电量的25%。

这里的水库取名为纳赛尔水库，是以当时的埃及总统纳赛尔名字命名的。水库平均宽度为6英里（9.6公里），长310英里（500公里），将近1/3位于埃及与苏丹边界处。

修建阿斯旺高坝的利与弊

从阿斯旺高坝修建之初，人们对它的评价就是毁誉参半的。修建大坝时必定要冲毁地势低矮的土地才能建成水库，尽管很多人反对，但这是不可避免的。距纳赛尔水库不远处的山谷中保存着很多具有重大历史意义的古代遗址。1960年，在联合国教科文组织（UNESCO）的带领下，一项国际工程被启动，目的是保护19处重要古迹。几座寺庙，包括阿布·辛拜勒神庙及庙内的巨大雕像被整体移走，并在水库附近的高地处重建。至此，所有的濒危古遗址都被保存了下来，新址向游人开放。另外，以前居住在那里的10万人在撤离之后，又可以重新迁回。

除此之外，当时人们也预料了可能会出现严重破坏环境的问题。修建大坝的目标之一就是为这一地区提供充足的灌溉水源，使其耕地面积增加90万英亩（3.642 0万公顷）。然而，在人们朝这个目标努力的同时，一场干旱于1979年爆发。干旱持续了几年时间，导致水库水位下降了20%。农田用水削减了，水力发电量也减少了近一半。尽管如此，这一带的玉米和小麦产量在干旱年份得到了稳定的增长,水稻产量有所下降。

表2是自大坝竣工的1971—1999年间的3类谷物庄稼的年均产量,其中不包括1987、1990、1996和1998年。谷物产量用两种方式表示出来:一是谷物产量的具体数字(以千公吨为单位;1公吨=1.1吨);二是以谷物具体产量作为指数,用以比较不同年份的产量。某一基准年(此处为1971年)的产量指数为100,其他年份的产量指数通过与基准年的比率计算出来。比如在1983年,玉米、棉花、小麦产量分别是1971年的150%、115%和96%,那它们的产量指数分别为150、115和96。

表2 埃及3种粮食作物的年产量及对比

（单位是公吨；括号中的数字是指数指标,1971=100）

年 份	玉 米	小 麦	水 稻
1971	2 342（100）	1 729（100）	2 534（100）
1972	2 421（103）	1 618（94）	2 507（99）
1973	2 508（107）	1 838（106）	2 274（90）
1974	2 600（111）	1 850（107）	2 500（99）
1975	2 600（111）	2 033（118）	2 450（97）
1976	2 710（115）	1 960（113）	2 530（100）
1977	2 900（124）	1 872（108）	2 270（90）
1978	3 197（136）	1 933（112）	2 351（93）
1979	2 937（125）	1 856（107）	2 507（99）
1980	3 230（138）	1 796（104）	2 348（93）
1981	3 308（141）	1 806（104）	2 236（88）

年　份	玉　米	小　麦	水　稻
1982	2 709（116）	2 016（117）	2 287（90）
1983	3 510（150）	1 996（115）	2 440（96）
1984	3 600（154）	1 815（105）	2 600（103）
1985	3 982（170）	1 874（108）	2 800（110）
1986	3 801（162）	1 929（112）	2 450（97）
1987	数据不详	数据不详	数据不详
1988	4 088（174）	2 839（164）	1 900（75）
1989	3 748（160）	3 148（182）	2 680（106）
1990	数据不详	数据不详	数据不详
1991	5 270（225）	4 483（259）	3 152（124）
1992	5 226（223）	4 618（267）	3 908（154）
1993	5 300（226）	4 786（277）	3 800（150）
1994	4 883（208）	4 437（257）	4 582（181）
1995	5 178（221）	5 722（331）	4 789（189）
1996	数据不详	数据不详	数据不详
1997	5 180（221）	5 600（324）	4 900（193）
1998	数据不详	数据不详	数据不详
1999	5 500（235）	6 347（367）	5 900（233）
2000	6 395（273）	6 534（378）	5 996（237）

以上数据来自《不列颠年鉴》。

　　从表2中可以看出，玉米和小麦产量稳定增长，在1990年后跳跃增长，比1971年增长了1倍多。水稻产量有所下降，经常达不到

1971年水平（指数小于100），但在1990年前后也开始增长，到了1999年，水稻产量也比1971年增长了1倍多。

庄稼产量是否能以这样的速度持续增长，这主要取决于灌溉体系是否有较大改善。埃及的农民习惯了借一年一度的尼罗河泛滥来耕种土地，而常年灌溉则需要不同的技术了。

当水灌溉到地表以后，通过沙质的土壤迅速向下排放。水被庄稼吸收的同时，也作为地下水聚集起来，引起地下水面缓慢上升。在埃及的某些地区，地下水面每年上升6~10英尺（1.8~3.0米），已经到达了植物的根区，周围的土壤浸满了水。这时，植物的根接触不到空气，无法进行呼吸。地表水分的蒸发可以使地下水上移。但是，随着水分的蒸发，溶解在水中的盐在土壤表层沉积下来。多数植物只能承受极少量的盐分，如果盐度超标，植物就会死亡。解决土壤水饱和及盐化作用的最佳途径就是安装高效的排水系统来排出多余水，但是费用又太高了。

环境损失及意外收获

在埃及和苏丹干燥、炎热的气候中，人们担心纳赛尔水库的水会因为蒸发而大量流失。事实上，每年纳赛尔水库通过蒸发而流失的水量估计有9.3立方英里（15立方公里）。虽说流失的水最终会得到补偿，但这无论如何也是一种资源的浪费。

水库中的水生植物生长迅速，它们阻塞了灌溉渠，形成死水区域，促进了昆虫的滋生，其中有些是携带病毒的昆虫。水库中的水温较高，富含河流冲进的植物养分，因此种类繁多的微生物在这里安家并繁殖起来。鱼类也在此发展起来，纳赛尔水库目前渔业极其繁荣。

大坝在阻挡尼罗河河水的同时,也阻住了河水中携带的泥沙。泥沙在水库的河床中沉积下来,最终会导致河床升高。河床升高到一定高度后,大坝也就无用了,这可能是几个世纪以后才会发生的事情。由于大量的泥沙淤积在水库南端,迟早有一天会堆积到水面,这里的水库就会干涸,苏丹人的农田面积也就变少了。而在水库下游处,土地再也不能像以前那样每年得到一些沉淀物作为天然养分,农民们只能使用工厂生产的化肥来补偿土壤养分的流失。

　　修筑大坝以后,河水全年都以相同的速度流动,这使尼罗河发生了一些变化。由于毗邻的田地中的水分进入河水,河水变咸,并且受到化肥和杀虫剂的污染。鱼类的数量和种类减少了,某种程度上抵消了纳赛尔水库渔业发展给国家带来的经济利益,也给河流下游以渔业为生的渔民造成惨重的损失。此外,大坝的修建使这一带的水质下降。淤沙的流失导致河堤与三角洲地区的土壤侵蚀,河岸后退,咸水渗入地下水中。过去用来供养某些生物的淤沙再也无法到达地中海,而这些生物可以支撑一个重要的产业——沙丁鱼渔业。现在,沙丁鱼渔业在地中海东部已经基本消失。

　　损失还不止于此。由于河流中全年有水,导致了水生生物传播的疾病的增加,血吸虫是其中传播最为严重的。血吸虫不会致命,但感染者会变得身体虚弱,而且会导致更为严重的二次感染。用药物可以治疗,但治好之后还容易重新感染。血吸虫归入血吸虫属,极其微小。它将卵产在水中孵化,幼虫进入水生蜗牛的体内,长成很小的叉尾动物,叫做"尾蚴"。尾蚴离开蜗牛体内后,在水中四处游荡,直到最后找到一个哺乳动物,也可能是人体。这时,它丢掉尾巴,开始在动物或人的皮肤上钻洞,进入血液。它们靠食血中的糖原生存，随血液流入到肺中，再从那里进入心脏和肝脏，一路成长。它们长成以后，进行交配产卵，卵又从寄主的尿液和粪便中排放出去，进入其他寄主体内。这个过程就这样循环下去。在大坝修建以前，大量水生蜗牛在干燥缺水时死去，这也就限制了血吸虫的数量。现在，多数蜗牛可以生存下去，血吸虫漫延开来。血吸虫已经成为尼罗河三角洲的严重问题，而且它们正沿着尼罗河河谷向南漫延。

从全局来看，修建阿斯旺高坝的利还是大于弊。然而，经验告诉我们，如果人为地干预河流的自然行为，将会产生极其深远的影响和后果。

稻米种植

洪水通常会给人们的生命财产带来巨大损失，人们往往对它深恶痛绝。然而，在某些地区，它却是受欢迎的。当洪水变得有规律、可控制时，它是一种有用的资源。在亚洲，几千年来农民一直在利用这种资源。

无论你在哪里吃到大米，包括用大米做成的早餐粥和快餐，你都应该知道，是大量的水促进了水稻的生长。从麦麸中提取的油可以用来做人造奶油，所以就连这种食物也同洪水有着分不开的关系。在南亚和东亚地区，大米是这里的主食（就如同面包、其他小麦制品以及土豆是西方的主食一样），那么大水为这里带来的是生命，而不是死亡。

从种植的数量来看，水稻是世界上最重要的食物产品，小麦紧随其后，居第二位。2001年，世界水稻总产量达到6.52亿英吨（5.928亿公吨），而小麦产量是6.38亿英吨（5.8亿公吨）。全世界将近90%的水稻种植在亚洲，而那里也是消耗水稻最多的地方。世界种植的小麦总产量的20%出口到别国，而水稻产量仅有3%用于出口。表3是关于2001年各主要水稻产国生产的水稻数量，产量为100万英吨以上的国家按其产量的大小依次降序排列。

表3　2001年的水稻产量

国家产量	（百万英吨；百万公吨）	国家产量	（百万英吨；百万公吨）
世界总量	652.11；592.83	亚洲总量	593.83；539.842
中国	199.67；181.515	印度	145.08；131.90
印度尼西亚	55.11；50.10	孟加拉国	43.02；39.11
越南	35.12；31.92	泰国	27.72；25.20
缅甸	22.66；20.60	非洲	18.67；16.97
菲律宾	14.25；12.95	日本	12.45；11.32
巴西	11.23；10.21	美国	10.63；9.66
韩国	8.05；7.32	巴基斯坦	7.42；6.75
埃及	6.27；5.70	尼泊尔	4.64；4.22
柬埔寨	4.51；4.10	尼日利亚	3.63；3.30
斯里兰卡	3.15；2.87	马达加斯加	2.53；2.30
马来西亚	2.44；2.21	老挝	2.42；2.20
伊朗	2.41；2.20	哥伦比亚	2.32；2.11
朝鲜	2.27；2.06	秘鲁	2.22；2.02
厄瓜多尔	1.51；1.38	意大利	1.34；1.22
乌拉圭	1.13；1.03	象牙海岸	1.10；1.00

数据来源：联合国粮农组织（FAO）

水稻从何而来？

没有人知道哪个地方是最先种植水稻的，但是很多人认为它可能是南亚大部分地区野生的一种植物进化而来的。在西非，有一种类似的品种，是人工种植的。在中国，公元前2800年左右，大米就成了人们食谱中必不可少的一部分，而中国人的水稻种植技术可能是从印度人那里学到的。印度人在那时也已经开始食用大米，也有人说泰国人种植水稻的时间更早些。在泰国东北部的一个考古地点，人们发现了水稻的谷壳，可以追溯到公元前4500—前4000年，而类似的谷壳也发现在中国，可以追溯到公元前5000年。从这两种谷壳来看，那时的水稻还是野生的。

水稻种植方面的知识也传到了中东地区，入侵的撒拉逊人又在中世纪时将它传入欧洲。直到今天，欧洲南部地区还在种植水稻，并用它来做传统食物意大利焖饭和西班牙式什锦蒸饭。北美洲的水稻种植始于1685年美国的南卡罗来纳州。到19世纪上半叶，水稻种植技术已经传入了北卡罗来纳州和佐治亚州。内战以后，又向西先后传到了路易斯安那、得克萨斯、阿肯色和加利福尼亚州并成为加州十大经济作物之一。到目前为止，阿肯色州是美国最大的水稻产地，其次分别为加利福尼亚、路易斯安那、密西西比、密苏里和得克萨斯州。

今天，在纬度达到53°（相当于加拿大艾伯塔省埃德蒙顿市的纬度）或海拔达到8 000英尺（2 440米）的地区，也出现了大面积的水稻种植。低地和低纬度地区的水稻产量占总量的80%左右。所以说，在那些经常发生洪水的地区，水稻长势最好，产量也最高。

水稻其实是草类

水稻事实上同其他人工耕种的禾谷植物有一定联系,但是有一个不同点。同很多植物一样,禾谷植物无法忍受被水浸透了的土壤。它们的根需要空气进行呼吸。如果根完全浸入水中,它们就会淹死。水稻的根同样也需要空气,但它的茎是中空的,并且处于水面以上,所以空气可以通过茎到达根部。稻谷也可以生长在大水无法到达的干燥山坡上,这叫陆稻或旱稻。世界上只有1/5的稻谷是旱稻,因为旱稻产量较水稻少得多,尽管谷物本身并没有什么区别。

水稻的外形与小麦、大麦和黑麦有较大差异。麦子的种子(就是我们吃的谷物)在茎的周围紧紧地结成穗状,形成麦穗;而水稻的种子则形成松散的圆锥花穗。图42中分别是面包麦、硬粒小麦(用来做食用面糊)和水稻的穗。

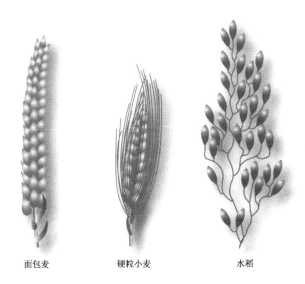

面包麦　　　　硬粒小麦　　　　水稻

图42 小麦和水稻
面包麦用来做面包,外形同制作蛋糕和糕饼的小麦相似。硬粒小麦可以做食用面糊。水稻的稻穗与这二者在外形上有很大差异。

世界上共有两个类型的栽培种水稻，其中之一是由于其麦麸颜色而得名的红米，它是西非的物种，其他地区很少种植。美国野稻也称印度水稻，也是一种草，原产于北美洲东部。它看起来与水稻相似，但是同稻科联系不大，从生物学角度来说，根本不算是水稻。

我们在美国吃到的与亚洲人吃的都属同一稻属，而它又分为两大类，即两个亚种，分别为印度亚种和日本亚种。这两个亚种又可分为成千上万不同种类。印度亚种谷粒较长，蒸煮之后米粒彼此分离；日本亚种谷粒较圆，蒸煮之后米粒彼此粘连。

稻米种植

旱稻的种植技巧同种小麦是一样的：先把土地耕好，然后播种。水稻则有所不同。在美国，许多水稻种植者都是用直升机把稻种和化肥同时撒到有水的田地中，过不久再撒杀虫剂。由于从播种到收割的整个过程都是机械化的，所以每亩地所用人力由原来的900小时减至7小时（每公顷地由2 224小时减少到现在的17小时）。

过去在美国种植水稻是一件非常辛苦的事情。人们要把稻种先浸泡在水中24小时左右，然后储存一两天时间，直到它们开始发芽。发芽之后，把它们种在干地中长一个月左右，同时把将来水稻生长的湿地准备好。这是地势较低的农田，周围由堤或坝围起来，表面在耕作以后要铲平。这些准备做好以后，接着移水入田。一般来说，水深4英寸（10厘米）即可，但也有一些种类的水稻需要更深的水。田地被水灌溉以后，称为水稻田。插秧的工作可以由机器来完成，但多数还是人工完成的。每簇秧苗间隔6英寸（15厘米）左右，每行间隔12英寸（30厘米）。

随着水稻的成熟,水逐渐从田地中排放出去,地面变干。水稻新品种的引入是"绿色革命"的一部分,它在插秧后的17周内即可收割,比传统品种用的时间短。因此,在传统品种一年只种一季的情况下,新品种可以一年两季,这极大提高了水稻的产量。在某些地区,年产量甚至提高了8倍之多。

收割之后

收割之后,人们把水稻连穗带秧捆成捆,存放几天,让它自然风干。然后进行打谷,除去糠皮,谷粒也就此分离开来。分开的谷粒还要经过研磨以去除其外壳,这一阶段的米是很多人喜欢食用的糙米。糙米上还保留着外壳下的麦麸层和胚芽,但是经过二次研磨之后这些就不存在了。这个过程之后,糙米就变成了白米。在某些国家,白米表层要涂上滑石粉和葡萄糖后食用。

世界上1/5的稻谷在第一次研磨以前要经过蒸煮到半熟程度,这种技术在印度及南亚最为流行。先将稻谷带皮浸泡1~2天,放入封闭的容器中,加少量水,用盖子盖上加热,时间不用太长。加热以后,再次晾干,最后研磨。这个过程改变了外层淀粉状的胚乳结构,使谷粒变得坚硬,研磨时不会断裂。半煮大米熟得慢,但是米粒不会粘连到一起。而且,它比其他大米营养丰富,因为受过半煮过程影响的胚乳能吸收麦麸中的维生素B_1,减少了蒸煮过程中维生素B_1的流失量。

水是水稻的生存之本

在水稻种植过程中,水显然是关键因素。最佳的水稻产地就是较大河流的泛滥平原和三角洲地区。越南的红河及湄公河三角洲地区、泰国的湄南河、印度和孟加拉国的布拉巴布特拉河以及恒河地区都是著名的鱼米之乡。

南亚气候受季风影响严重，冬季气候干燥，夏季风带来强降雨，河流水涨，溢出河岸。农民正是利用了这一现象放水浸田，在雨季停止、河流水位下降后，再由田地将水排出。在某些地区还必须挖灌溉渠，实行人工灌溉。在非季风地区，有些灌溉系统是几千年以前人们刚刚种植水稻时就已规划好的。

虽然水稻的生长环境同其他谷类完全不同，但种植者们对天气的依赖是相同的。他们需要洪水，但是洪水必须在特定期间来临，而且对水的深度也是有要求的。季雨并不总是有规律的，有些年份中来得晚或根本未降雨，而有些年份中它又如此强烈，淹没田地、冲走秧苗。在非季风地区，干旱对水稻的破坏力极强，而短时间的强降雨及冰雹更令成熟中的庄稼遭受重击。

六

水灾的后果

海岸侵蚀

几年以前,苏格兰东部有一对夫妇刚刚搬到福斯湾北岸不久就遇到了一场大风暴。风暴过后,他们发现房屋后面的院子有一半已经消失,进入海水中了。在院子的所在地曾经有一个大洞,里面浸满了海水。在院子与海滩之间有一道多年以前修筑的海堤,人们本以为有它就安全了,而它也被巨大的海浪摧毁了。

在几百英里以外,不同的时间,不同的地点,却发生了相似的事件。当海边绝壁塌陷时,上面的宾馆地面也随之消失了。在暴风雨的威力之下,这栋建筑成了危楼,紧急救援小组命令店主在十分钟之内搬走物品,清空房间。

在海岸附近也曾经发生过整个沿海小村没入海下的事情。庭院、小村的突然消失给人们提供了故事的素材（当然有些故事可能是真实的）：在暴风雨期间，如幽灵一般的教堂钟声在海底响起，随着海浪摇曳。事实上，被海水侵蚀的物体并不单单是消失了，它们通常是在距海岸稍远的地方沉积下来。某些地方的海岸线后退的同时，也有些地方前进了。有些小村庄曾经紧靠港口，拥有自己的渔船，而现在却处于距海1英里以外的内陆地区了。

海岸线为何会发生变化

海岸经常性地发生变化，因此有科学家把它定义为"水陆之间的宽带，水线沿着它而前后移动"。这种移动是在几种力的作用下自然发生的。力的作用大小不同，海岸线所受的影响也不同。

发生海岸线移动的部分原因是陆地本身的升降，这是由后一个冰河世纪中冰河与冰原的融化造成的。正是冰川引起的地壳均衡变化（参见补充信息栏：平盖均衡）导致海平面上升，增加了美国东海岸和北海南岸发生洪水的危险性。英格兰东部和东南海岸也是洪水常发地，因此英国修建了泰晤士河屏障以保护首都伦敦免遭涌潮袭击。显然，沿海陆地地势越低，危险性越大。伦敦平均海拔16英尺（5米），而某些区域更低，严重的洪水会冲毁地铁和下水道，带来灾难性后果。美国的一些城市也在危险之列：巴尔的摩海拔14英尺（4.3米）；南卡罗来纳州的查尔斯顿海拔9英尺（2.7米）；迈阿密是25英尺（7.6米），而弗吉尼亚州的诺福克是11英尺（3.4米）。

补充信息栏 平盖均衡

在冰河时代，极地冰原极度扩张，直至最终覆盖了北部大洲的大半部分。目前，我们正处于间冰期，但是冰河还没有彻底退去。格陵兰冰原的平均厚度为 5 000 英尺（1 525 米），这个厚度足以将南极洲的大部分地区覆盖到 6 900 英尺（2 100 米）厚。

冰的重量较大，所以几千英尺厚的冰原是非常重的，对下面地壳上的坚硬岩石形成下压力。冰原停留在地壳下炎热的塑性岩石地幔上，冰的过大力量使它们下陷。然而，在冰河与冰原的边缘，冰推动表面岩石向上移动。所以，冰原和冰河的中心呈凹陷状，而边缘却呈凸起状。

当冰河时代结束，冰融化后，它压在地壳岩石上的重量减少，岩石逐渐恢复到从前的高度（见图 43）。陷入到冰原中心的岩石开始上升，而边缘处上升的岩石却开始下陷。这种重新调整的过程叫做"平盖均衡"，它始于约 1 万年前冰河退去时，至今还未结束。在斯堪的纳维亚，冰的重压曾经使陆地下陷了约 3 000 英尺（915 米），而现在又回升了 1 700 英尺（518 米）。从苏格兰某些地区的海滩中镶嵌的贝壳可以看出，那时的海平面比现在高出 130 英尺（40 米）。加拿大东北部、格陵兰岛、北斯堪的纳维亚和苏格兰北部陆地还在上升中，而海平面却在下降。在北美洲和欧洲沿海地区，陆地在下陷的同时，海平面却在上升。

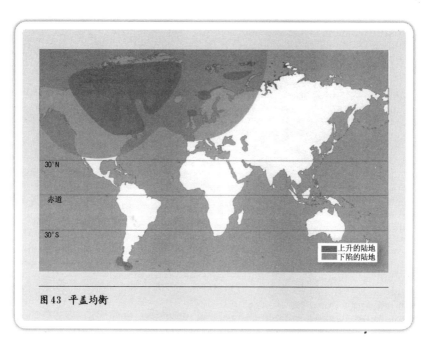

图 43 平盖均衡

在 20 世纪，全球的平均温度略微上升，海洋温度也随之上升。海水升温后膨胀，引起海平面升高。在某些地方，海平面比 1900 年升高了 6 英寸（15 厘米）。当然这只是局部现象（参见补充信息栏：平盖均衡）。如果全球变暖趋势持续下去，海平面会继续上升。至于具体升高多少，科学家目前还无法预测。尽管多年以来山区的冰河在不断退去，但是极地冰冠不可能会缩小，而南极洲西部冰原并未变薄，反而增厚了。结果，融化的冰不足以大幅度地增加海水水量。但是，即使海水小幅度地升高也会使地势低矮的沿岸地区发水，而在地壳均衡调整中下陷的海岸地区更容易受洪水影响。

这些变化发生缓慢，所以没人注意得到。在暴风雨、涌潮愈加频繁、猛烈的海岸地区，人们将海堤加高加强；而在其他地区，如履薄冰的海岸地区仍旧是人们朝思暮想的居住地。

补充信息栏　死神岛

　　澳大利亚的塔斯马尼亚岛于 1642 年被荷兰航海家阿贝尔·塔斯曼发现。他以出钱让他远航的首相的名字命名这个岛为 Van Dieman's Land。

　　塔斯马尼亚岛在 19 世纪时是英国囚犯的流放地。当时这里的长官托马斯·莱普埃尔对海潮和天气变化进行了详细的记录。1841 年 6 月，南极探险家詹姆斯·克拉克·罗斯爵士(罗斯海就是以他的名字命名的)来到塔斯马尼亚岛。莱普埃尔向罗斯介绍了自己的气象和海潮记录并向他讲述了自己在验潮仪上遇到的问题。原来流放到这里的囚犯经常对这些验潮仪进行破坏，莱普埃尔不得不将其转移到新的位置。在这次谈话中他们两人不约而同想到了一个绝妙的主意，那就是在岩石上做一条永久性的标记以记录海水的平均潮位。这样的标记被称为基准线。在记录其探险经历的《南极与南大洋游记：1839—1843》一书中罗斯提到了 1841 年他和莱普埃尔共同刻下的这条标记。平均潮位是指海潮高度的最大值与最小值之间的平均数。当时罗斯他们都认为这样的一条标记应该位于阿瑟港周围 2 英里范围内的一个小岛上，并且该地点应该不受暴雨引起的巨浪的影响。最后他们选定了死神岛。之所以称其为死神岛是因为该岛专门用来埋葬死人，囚犯们都认为这里太阴森吓人所以很少光顾这里，这也就保证了验潮仪不会受到人为破坏。

20世纪90年代，一个对气候学有着强烈兴趣的塔斯马尼亚岛居民约翰·L·达利偶然间读到了关于这一事件的记录，于是他便出发来到死神岛寻找这一标记，结果真的在书上提到的位置那里找到了这条于1841年6月1日刻上去的基准线。

尽管人们对死神岛上的基准线的意义还有争论，但1888年英国气象学家卡蒙德·J·肖特提出当地的海水在1841年以后的确比基准线上涨了1英寸（2.5厘米）。这一变化与目前澳洲西海岸的海平面变化相一致。澳洲西海岸的海平面每年都有升降变化，其范围从每年下降0.034英寸（0.95毫米）到每年上升0.054英寸（1.38毫米）。

海浪拍岸

海浪的敲击也给海洋及周边带来了一些变化。海边悬崖（或叫海蚀崖）过去是圆形的小山，海浪的不断拍击穿透了悬崖的岩石，使其日益减少，只剩下现在清晰可见的陡峭表面。这个过程从未停止过。在暴风雨过后，如果你沿着悬崖脚下的沙滩行走，经常会看见悬崖上被海浪新近敲碎的大石。最后，海浪和大风会不断侵蚀它们，最终将其夷为沙砾和碎石。

海堤可以保护海边悬崖，使其免受海浪侵蚀。很多地方已经修建了海堤，尤其是在悬崖距离海平面较近而在其附近又建有公路和房屋的地方。海堤通常会起到一定作用，但也有不管用的时候。前面提到过的位于福斯湾北岸的后院被水冲走，就是由于看似安全的海堤失灵了。如果海堤与海水之间的沙滩比较低矮，海浪敲击到海堤，那么从海堤返回的回浪会将沙滩表面物质冲走。沙滩越来越低，海堤就越来越多地暴露在外。沙滩高度的降低也使得海浪穿过沙滩时所用的能量减少，这样它就有更多的能量击打海堤了。最后，海堤也被削弱了。

海边悬崖的最佳保护使者是地势较高的海滩。1887年发生在英国丹佛南部的戏剧性事件就说明了这一点。当时，人们把那里海滩处约81万吨（73.55万公吨）沙石开采出来，用于修建普利茅斯一处新的造船厂。沙石挖出后，海滩高度降低了13英尺（4米）左右，海浪以更大的力量击打悬崖。1907—1957年间，悬崖后退了20英尺（6米）。没有了这道屏障，浩尔萨德村遭殃了。在海浪袭击之下，小村屋毁人伤。

有着沙砾碎石的浪漫海滩附近是最受人们欢迎的度假与居住地，而这一带也是最易发生变化的地方。海岸变化的大小快慢取决于海岸线的构造及海洋的特点。海岸分为两种：高能海岸和低能海岸。高能海岸的线形极其不规则，上面分布着一些悬崖、海角、海湾或沙丘以及较大的沙滩；低能海岸线通常地势低矮，相对笔直，上面分布一些较宽的浅海湾和凸起的狭长地峡。

海浪对海岸的双重作用——破坏和建设

说到海浪与海岸线的关系，我们马上就会想到海浪侵蚀海岸线。

事实上，除了侵蚀之外，海浪也在塑造着海岸。

当海浪靠近海滩的时候，水急剧变浅，最终海浪破碎。破碎的海浪溅到海滩上，耗费掉它最后的能量。汹涌的海浪激起了沙砾和碎石，当水流回海里时，一些海滩泥沙也随之移向海中，只等下一个碎浪将其带回。在海洋深处吹来的风的作用下形成的海浪彼此较为分散，造就规律的海洋涌。海洋涌将泥沙冲到沙滩上后，泥沙往往就停留在那里，沙滩逐渐变大变厚。

靠近海岸的风暴产生的波浪低而陡，往往会把沙滩上的泥沙卷到海里面。多数海滩被风暴侵蚀后，风暴之间的海洋涌会对其进行重建。因此，尽管海岸经常变化，但长期内，侵蚀与重建会达到一个平衡状态。这种平衡要花费一年的时间。在冬季，风暴侵蚀了海岸；到了春季，风暴规模变小。经过了夏季风平浪静的天气之后，海岸在秋季得到了恢复。

另外，细小的沙粒比大的沙石更容易被冲走，所以留下来的往往是大沙粒。构成沙滩的沙粒越大，沙滩越陡。

沿岸流、沿岸漂移和防波堤

海浪到达海岸时，二者通常不会成直角，多数是成斜角的。这就产生了平行于海滨线流动的水流，叫做沿岸流。当每个海浪在某一角度破碎时，这一角度的海滩泥沙沿海滩到达另一角度，某些被沿岸流带走。在沿岸及沿岸附近的水中，有一些泥沙及碎石随着波浪沿海岸线漂移，这个过程叫做"沿岸漂移"。图44解释了在风力和潮汐力产生的波浪作用下，海滩泥沙沿海岸运动的沿岸漂移过程。图中波浪线代表在波浪作用下泥沙移动的方向，浪线上的灰白带表

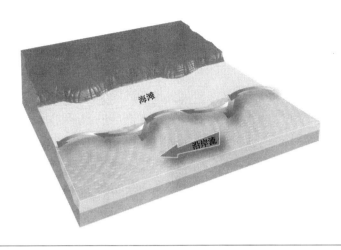

图44 沿岸漂移：由沿岸流推动的海滩泥沙沿海岸平行移动的过程

示沿岸流。这个过程通常会稳定地进行下去，但是波能的短暂增长会极大地加速漂移过程，巨大的沙滩会在一夜之间消失得无影无踪。在远处，海岸线与波浪之间的角度不同了，沿岸流便释放出能量，同时也丢下它携带的物质。泥沙就在那里堆积起来，最后形成沙坝或沙岛。

对于生活在海滩附近的人来说，沿岸漂移是一种可怕的过程，因此他们总是试图阻止。在这个过程中，不仅沿岸财产会遭受损失，而且海滩也会遭到破坏。海滩本身就是价值极高的资产，吸引着成群的度假者，收入可观。海边度假这种休闲方式在19世纪和20世纪流行起来，从那时起，人们就开始想方设法阻止海滩消失。当时，最常见的方法就是修筑防波堤，也叫折流坝。现在某些海滩上还可以看见防波堤或它的遗址。

防波堤同海堤类似，但方向有所不同：它与海岸线成直角，穿过

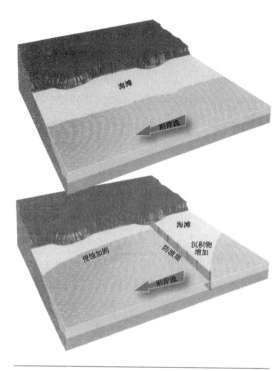

图45 海滩的侵蚀与保护
防波堤一方面保护海滩,另一方面也加速了它的侵蚀。

海滩,一直延伸到低潮水位线或更远的地方。防波堤通常是由木材建成,多数现已腐烂或消失。修建它的目的就是阻止海滩泥沙形成沿岸漂移。

人们现在已经很少使用防波堤,因为使用几年以后,他们发现它会产生一些奇怪的效应。如图45中上图所示,没有防波堤时,沿岸流将海滩泥沙沿悬崖下的沙滩运输,而有了防波堤以后,它阻住了大量泥沙(见图45下)。当然,这是人们的意图所在。但是,防波堤也能击碎海浪,这使另一端的水猛烈回旋,加大了此处波浪的力量。结果,防波堤缓解了一端的海滩侵蚀,却使另一端的侵蚀加剧。如果在某海滩修建一系列的防波堤,那么海滩的形状就会发生变化。更为严重的是,它还会加快海滩后悬崖的侵蚀速度。

伸向海水、与海岸线垂直的码头也会产生类似的效果，缓解了一端的海滩侵蚀，却使另一端的侵蚀加剧。海滩要自然变化，所以，顺其自然可能是更为明智之举。

离岸沙岛（堰洲岛）

在美国东部沿海，大部分的高能海岸都是由离岸沙岛来保护的。离岸沙岛是由海浪冲到海岸的沙石构成的，沙石沉积以后，形成与海岸线平行的狭长带。沙岛吸收了海浪的能量，经常改变形状和位置。如果将沙岛人为破坏，那么海岸就要承受海浪的全部力。所以，一般情况下，人们都会小心地保护它。

尽管有了人们的悉心保护，问题还是会出现。20世纪30年代，北卡罗来纳州为了防止沙石在风暴期间流失，人们修建了一些漂沙栏，保护这里的离岸沙岛。沙石堆积起来，形成沙丘。沙丘越来越高，并且有植物生长在上面，起到稳定沙土的作用。以前沙丘较小、还不稳定时，海浪在穿过沙丘以及沙丘之间地带时逐渐消耗能量。现在，它们把能量一次性地消耗在稳固的沙丘上。海滩变得越来越狭窄、陡峭了，侵蚀加剧。在沙岛之后，由东北风吹入帕姆利科湾的水再也无法流经沙岛后排放入海，导致这一地区常发生水灾。

河流与海岸侵蚀

较大河流延伸到海岸线时，也会对海岸起保护作用，防止水灾泛滥。河流在流动过程中，携带了大量土壤颗粒。河流入海以后，海水中与土壤粒子中的氯元素发生化学反应，将它们粘在一起，形成块状（这个过程叫做"凝絮作用"）。块状物在海底沉积下来并逐渐加厚，最终能够吸收海浪的大部分能量。在某些地方，沉淀物距海面较近，人们甚至可以把那里的海洋开垦为陆地。

在内陆地区，农田的土壤侵蚀是一个严重的问题，人们为此做出极大努力。人们的努力是成功的，但是减少了农田的土壤侵蚀就意味着河流中携带的土壤少了。20世纪30—60年代，得克萨斯州的4条主河流（布拉索斯河、圣贝尔纳多河、科罗拉多河与里奥格兰德河）的土壤含量减少了80%，密西西比河携带的土壤物质也大幅度减少。这说明农田的土壤侵蚀现象有所改善，但是墨西哥湾的沉积物也减少了，加剧了沿岸地区的侵蚀。在20世纪，得克萨斯州的沿岸耕地大量减少，部分原因是内陆地区的土壤保护政策获得了成功。河流排放到美国大西洋沿岸的水中物质减少了。

海洋具有巨大的吸引力，大多数人喜欢在海滩散步、游玩，所以有些人愿意在那里定居也就不足为奇。住在比较温和的低能海岸附近还可以，但是高能海岸就比较危险了。那里的海岸线前后移动、悬崖倒塌，随时可能发生水灾。

咸水的渗透

多年以前，荷兰当局人为地将水放入北海边的筑堤围垦区（低地带），使其泛洪。他们担心海平面的上升会引起咸水渗透到地下，污染地下水。如果他们的担心变成现实并且污染继续下去，那么大片地区会受到影响，最终导致土地贫瘠。

大多数庄稼都是不耐盐的。植物通过其根毛的尖端吸收水分，同时也吸收溶解在水中的养分。土壤中的水溶液比植物体内的密度小得多，所以水可以轻易地通过渗透作用进入根毛的细胞壁（参见补充信息栏：渗透）。对多数植物来说，只要土壤溶液是淡水，这个过程就会继续下去（也有一些植物适应咸水环境）。由于有了咸水的存在，溶液浓度变大，而土壤中的水进入植物细胞以前，不能比细胞内的水浓度还大。如果那样，渗透压力会把水向反方向挤压，挤出植物细胞。当你只喝海水时，你会越来越渴，因为你的身体细胞在不断地脱水。同样道理，在咸水中多数植物会死亡，盐使土地变得贫瘠。

补充信息栏　渗透

　　某些薄膜是半透水薄膜，也就是说，一些分子可以从中穿过，但其他分子却不行。许多生物薄膜都属于这种类型，但在工业上也可以生产出这样的产品。

　　如果半透水薄膜将两种作用力不同的溶液分隔，那么就会产生一种压力穿过薄膜，迫使溶剂分子（溶液表面的分子，比如说水，其中可以溶解一些溶质）从作用力较小的溶液流向作用力较强的溶液，直到两种溶液作用力达到相等。这种压力被称为渗透压力，渗透就是分子在渗透压力作用下穿过薄膜的过程。最常见的溶液就是物质溶解在水中的溶液，因此，最常见的就是水做穿透薄膜的运动。

> 细胞体内包裹着半透水薄膜，还含有一些溶解在水中的物质。如果细胞外溶液的浓度高于细胞内浓度，水就会从细胞中流出，如果细胞内溶液浓度高，水就会流入细胞内。

荷兰人对此采取的措施是将靠近陆地的围垦区封住，灌入淡水，以阻止咸水的进入。过去的农田现在变成了淡水湖。这么做有一定的积极作用，但是也同时损失了大量农田。这是一种对洪水的人为操纵行为，地面的洪水确保了地下不会发生更为严重的水灾。

围垦田

围垦田是通过围海造田得来的，荷兰人对此最为擅长，"polder"这个词也是起源于荷兰。过去，定居在河流三角洲以及邻近低矮、沼泽密布的海岸的荷兰人时刻面临着洪水的威胁。在公元前1世纪，他们就开始修建土山来保护田地；大约在公元8世纪或9世纪时他们修建了第一批堤坝；13世纪末期，堤坝已经将大量的农田围圈起来。从那时起，人们又不断地修筑了更多新的堤坝，更多的土地开垦出来。

1920—1932年间，北海的须德海海湾一部分被18.5英里（29.77公里）长的大坝围起来，为荷兰增加了大约五十多万英亩（20.2万公顷）的耕地面积。目前荷兰的围垦田面积达到了2 500平方英里（6 475平方公里），占全国耕地总面积的1/5左右，并且大部分围垦田都是低于海平面的。普林斯·亚历山大围垦田是全国最低点,位于海拔22英尺以下(6.7米)。图46标出了荷兰在西北欧的具体位置。

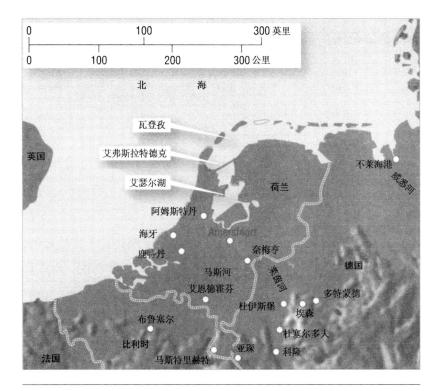

图46 荷兰

　在围海造田这方面,荷兰人是最有名的。事实上,这种开垦土地的方法是自古就有的,只不过没有以文字形式记载下来而已。目前,在一些农田资源匮乏、沿海低地平地充足的国家,像英国、法国、德国、丹麦、日本、印度、几内亚和委内瑞拉等国都存在围垦田。在18世纪的美国也利用这类农田种植水稻,主要分布在佐治亚州和南、北卡罗来纳州。后来，农田逐渐被废弃，那里又恢复为沼泽地。

围海造田的第一步是筑堤将海的一部分圈起来。堤要修得高大而结实，才能将海水阻挡在外面。第二步是将堤内的水排放出去。如果围垦田高于高潮水位，那么田地表面的水可以在低潮时排放到海里之后，再将围垦田重新封住；如果围垦田低于低潮水位，那么必须用泵将水抽出。风车泵正是荷兰最为知名的，它们将水从围垦田抽出后，排放到较高的排水渠中，再流到大海里面。荷兰现存的风车除了用于发电和研磨谷物以外，主要是用作游人观赏了。过去某一时期内，荷兰国内共有大约1万台风力和水力发电机，现在约有1 035台风力发电机和106台水力发电机还在运作，由发电机驱动泵来进行排水工作。

围垦田中的表层水排出以后，还要进行土壤排盐工作。这时，人们要把淡水或含盐量极低的水从别处抽调到田地表面。随着水渗透到土壤中，土壤中的盐溶解到水中，同水一起经排水系统流到海里。然后，淡水层聚集在地面以下，加入地下水，将更深处的盐排出。淡水比咸水浓度低，位于咸水层之上。二者缓慢地混合，但是之间存在一个界限。在这个界限之上是厚厚的淡水层，其量的大小足以满足农民们的要求。土壤经过处理便肥沃了，围垦田就可以投入使用了。

地表以下

在地表以下、植物的根可以达到的地方，存在着地下淡水。但是，在靠近海洋的地方，咸水会渗入内陆一定区域内。咸水比淡水浓度大，所以在淡水之下通常成楔状。如图47-A所示，离海最近的陆地可能由此变得贫瘠,因为那里的地下水全部是咸水。距此稍远的内陆地区就有所不同,那里的植物可以享受到足够的淡水。如果需要灌溉,深入到地下水层的水井就会给它们带来淡水。

但是,如果人们抽出过量的地下淡水,地下水面就有可能下降(见图47–B)。此时,由于没有足够的淡水阻挡咸水,咸水就可能侵入内陆更远的地方。咸水取代淡水,渗入地下沙土、岩石中。水井中也多是咸水,更多的沿岸土地在咸水作用下变得贫瘠。

在图47中,淡水和咸水之间的界限是十分鲜明的。而事实上,两者是混合在一起的,图中的界限只代表一个中间点。在本图中,淡水由左至右变得越来越咸,最后完全变为咸水。人们普遍认为,水中的盐含量如果超过2%就不适于饮用。所以说,只是中度污染了的水却会惹出大麻烦。

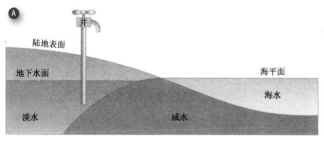

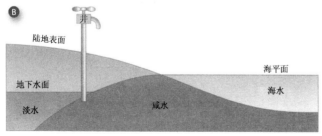

图47 咸水入侵

咸水入侵

在荷兰,淡水的盐污染是个大问题。庄稼灌溉要用水、干燥季节里土壤表面要蒸发水分,这些都会引起地下水面的下降,导致海水逐渐入侵地下水层。如果用淡水冲击围垦地,咸水的入侵会得以缓解,内陆的田地就得到了保护。

咸水入侵的问题不仅仅存在于荷兰。只要人们搬到一个地区居住,淡水就会不断被取出。早在20世纪50年代,咸水的入侵现象就已经在美国出现,靠近大西洋、太平洋和墨西哥湾的沿海各州都受到了影响,远离本土的夏威夷也不例外。

沼泽地与红树林这样的沿海湿地能够吸引沉淀物,储存淡水,但是沿海经济的发展往往要求这些地方清除植被、建造房屋。多年以前,佛罗里达海岸附近的一个离岸沙岛——萨尼贝尔岛就发生了这样的事情。植被清除后,咸水自上、下两端分别入侵,风暴潮袭击海岸,内陆涌进大量海水,引起水灾。另外,海水也渗入了对内陆起保护和包围作用的沙丘,还同时入侵到地下水层。

在大陆地区,人们可以修筑运河以排放农田中的多余水,将水引入沿海。但这只能使情况变得更加糟糕。淡水排放入海以后,干燥季节里海水也沿同样的路线侵入内陆,运河中的海水回流,污染农田。

人们搬到沿海地区居住以后,他们不仅需要房屋和公路,同样也需要利用海洋进行娱乐。为了满足这一需求,人们有时要挖渠或加深河流以提供与广阔水面相连的锚地。流入渠中的当然是海水,其后发生的水循环及水的化学成分方面的变化使咸水渗入到地下水中。美国的萨克拉门托河挖了很深的河渠之后就发生了这样的事情。

承受这类污染的不仅仅是海岸地区的地下水。在干燥天气里，河流水位较低，海水在河床以下流入内陆。海水通常会沿循哈德逊河河床流向上游，至纽约州的波基普西，也可能沿循特拉华河、波托马克河、萨克拉门托河或其他河流。

咸水的入侵其实也是洪灾的一种形式，只不过它发生在地下，所以不易察觉。恰恰因为如此，当它产生的影响比较明显时，损失已经造成了。挽救损失极其困难，代价昂贵。所以，预防比补救更容易些。在某些地方，人们可以在淡水层与咸水之间插入一个不透水的物质层，将二者隔开。在另一些地方，人们在开发之前应该检验一下地下水的运动情况，依此进行有计划的开发。由于以上原因，人们应该尽量不去影响湿地，它也是野生动植物的栖息之地。最后，有关部门应该对人们用于灌溉或其他用途而抽取的地下水量加以限制。一旦发现地下水面下降，应立即停止抽水并从外界引入淡水重新注入地下水层。

水灾造成的损失

在城市的街道之下，地下水缓慢地下移。它的上层边缘处即是地下水面。水在地下的流动过程同其他地方一样，只有一个重要区别：当城市降水时，只有一小部分水从公园、庭院以及其他有土壤和植物的开阔场地垂直下渗，而降落到街道、建筑物、停车场等地的水不能向下渗，只能流入排水管道，最后流入河流、湖泊或海洋。

排水管道所能承载的水量是有限的，所以当水流速度过快时，它们就到了极限，无法再接受更多的水。一旦排水管道达到极限，水就会沿着路边流动。如果管道中的水排放到附近的河流中，而强降雨或上游的融雪激流增加了河流的水量，河流水位上升，那么情况就更糟糕。河水可能会沿着管道回流，迫使前面的雨水也回流，弥漫到街道上。

科学家们用降雨量、地表类型、地下水位高度及其他相关信息来计算洪峰的流量。这些数字可以用来预测某一地区排水的最大速度。城市中的洪峰流量数字要比乡村大得多。在芝加哥，商业区和工业区的洪峰流量比居民区高4倍，因为后者可以通过土壤自然排水。测量和计算结果表明，城市中如果发生水灾，其后果要比周围的乡村严重得多，水在城市的上升速度比乡村快得多。

水灾会对城市带来什么影响？

城市所包含的不仅仅是我们看到的地上部分，它还延伸到地下深处。建筑物有地基和地下室，下面设有各种设施管道，包括电线、电话线、煤气管道、水管和排污管道。当城市发水时，设施管道首先被淹没。

洪水并不干净。除了渗透地下所造成的损失之外，它还会留下厚厚的泥土沉积层，与各种碎片混在一起，堆积在陆地上。在1966年意大利佛罗伦萨市的（参见前言部分）水灾中，阿尔诺河卷走了100万英吨泥土、碎石、家具和其他碎片，人们动用笨重的推土设备，花了4周时间才清除干净。

洪水也会对救援行动造成障碍。河流的泛滥会冲毁桥梁，城镇街道上和街道以下的大水会冲击公路及铁路路段,将其击断以后剩下沙石堆积起来。2002年2月19日下午3点钟左右,玻利维亚的拉帕兹市遭遇了猛烈的暴风雨和冰雹袭击。暴风雨和冰雹持续不足50分钟,但是规模极大,雹块堆积成山,甚至把汽车埋在下面。这个城市是建在一个死火山的斜坡上的,水沿着山坡冲下后汇集到街道上,街道立刻变成了流势迅猛的河流。河流冲走了汽车,惊慌失措的路人们挤在路灯柱、大树下或汽车中,其中有一百多人身负重伤。乔克普河决堤,主街道额尔普拉德的地下通道被淹,泥土、冰雹和水的混合物堆积到10英尺(3米)深,造成5人死亡。一个地下停车场内,冰雹和碎片堆积到了棚顶。大水同时也冲毁了街道,破毁了建筑物的地基。在之后的统计中,七十多人死亡,另有七十多人下落不明。

地下水灾也可能引起火灾和爆炸。洪水将煤气管道和电线冲裂后,裸线暴露出来,很容易产生火花,使电话线断裂。在地面之上,电线杆和电话线还不如树木稳定,很容易被冲走。当某个区域的公路、铁路的交通路线被冲毁,电话线断裂时,这里就与外界隔绝。意大利北部马焦雷湖附近的欧米格纳地区就曾经发生过类似事件。当时是1996年7月份,由于洪水引发山崩,这一地区被隔离起来。幸运的是,在危急情况下,紧急救援人员可以使用无线电与里面的人进行交流,当地的某些公众人物也可以用手机与外界联系。所以,经过了短暂的隔离之后,当地的人们被解救了出来。

水压力和浮力

当水移动时,它会施加巨大的力(参见补充信息栏:动能)。科罗拉多大峡谷就是在这种力的作用下形成的。大约1.2万年前,离现在最近的冰河世纪中的冰河退去以后，出现了尼加拉瓜瀑布。在这1.2万年中，水穿透了瀑布边缘的大量岩石，瀑布后退了大约7英里（11公里）。水的力量既然可以镌刻出一个大峡谷，就一定能轻而易举地移动松散物体、毁坏木制建筑。此外，水还会产生另一个效应——减少物体的重量，使它们容易移动，甚至漂移。

物体在水中变轻这个原理据说是由希腊数学家兼工程师阿基米德（前287—前212年）发现的。两千多年前，西西里岛的叙拉古国国王要求金匠给他打造一顶皇冠。皇冠造好以后，他想知道是纯金的还是金银的混合物，因此要阿基米德想办法测试，前提是不能损坏皇冠。阿基米德最初想不出什么办法来，直到有一天在洗澡时，他发现浴缸里水太满了，他进去后就有一些水溢了出来。此刻，他意识到流出的水的体积正好和他身体进入浴缸的那部分体积相等。现在，他知道怎样在不损坏皇冠的情况下分析它的成分了。那一刻他异常兴奋，跳出浴缸，赤身裸体地向皇宫跑去，边跑边喊道："我找到了！我找到了！"

银比金密度小，所以相同重量的银比金体积大。阿基米德意识到，如果把皇冠浸入水中，测量溢出来的水的体积，再把同重量的纯金浸入水中，量出溢出水的体积。把二者体积加以对比，就可以知道皇冠中是否掺杂了银。所以，他称了皇冠的重量后，向一个诚实的金匠借了相同重量的纯金，把二者分别浸入水中测出体积。结果，皇冠体积更大些，也就证明里面掺杂了银。他把这一事实汇报给国王，那个不诚实的银匠被处决了。

谁也不知道这个著名的故事是否属实，但是有一点是可以肯定的：浮力确实存在。当你把一个物体浸入水中时，它会挤出一定体积的水,这个体积正好等于物体的体积。同时,水中还会产生一个向上的力,力的大小相当于溢出来的水的重力。水(或任何其他液体)施加给进入到它里面的物体的向上力叫做浮力。特定体积的物质重量就是它的密度。每立方英尺水的重量是62.4磅(1立方厘米1克),那么水的密度就是每立方英尺62.4磅(每立方厘米1克)。如果物体的密度和水的密度一致,那么溢出的水的重量就等于物体的重量,物体受到的是中性浮力,会在一定水深处停留。如果物体密度小于水的密度,物体受到正浮力,它会浮到水面,漂浮起来。反之,如果物体密度大于水的密度,物体受到负浮力,它会像石头一样沉入水底。然而,即使物体受到负浮力,向上的浮力也会减少其重量。所以,宇航员在被派往太空执行任务之前,要在水下练习"太空行走"。他们在那里经受的是负浮力,处于失重状态。大象和河马能够优雅地在水中行走,鲸鱼那么大的动物能够在水中生存,这都是因为浮力的存在,减少了它们巨大的体重。

某些金属类物体为何会漂浮起来

木头在水中承受的是正浮力,也就是说,它会漂浮起来。这是因为它的密度小于水的密度。比如橡木,每立方英尺44磅(每立方厘米约重0.7克),比水的密度小得多。移动的水使木质的物体漂浮起来,同时会推动它们前进。金属密度比水大,要承受负浮力,所以沉入水底。但是,某些由金属构成的物体也包含空气,所以起关键作用的是物体作为整体的密度,而不是金属的密度。钢在水中会下沉,但是由钢制造的船却会漂浮于水面,就是这个道理。

汽车中也包含空气,现代汽车工艺精密,门窗严紧,所以基本不会渗水。想象一下你正坐在轿车里，洪水从身边经过的景象。水溅到发动机上，发动机发生故障，车无法启动。假设你所坐的车长12英尺、宽5英尺（3.7米×1.5米），连同乘客在内，车重1.5英吨（1.36公吨）。车周围的水不断上升，很快升到车底。随着水位的升高，水对车施加了浮力。当水升至车底1英尺（30厘米）以上时，此时的浮力大小，相当于被车所取代的水的重量，达到1.8英吨（1.6公吨）。此时车的重量比下面的水的重量轻（它的密度比水小），所以会漂浮起来。一旦车轮与地面失去接触，里面的人就根本无法控制它，洪水可能将其冲到任意一个地方。

在车底和公路之间的距离上留个间隙。当路上水深达2英尺（61厘米）时，将车门打开放水进入。这样，车因重量增加而下沉，不会离开地面。如果不这样做的话，恐怕最重的车也要漂浮起来。

在美国，暴洪中死亡的人中约有一半是因为困在被水卷走的车中最终导致死亡的。车被水卷走以后，尽管车门紧闭，还是会逐渐渗入一些水，最后下沉。当车外的水位已经靠近车门顶部时，在水压作用下，如果不首先打开车窗，那么车门是无法打开的。如果这时打开车窗让水涌进来，车内外的水压相等了，车门也就容易打开了。

活动房和露营帐篷也容易漂浮起来并彼此猛烈撞击。当洪水冲卷了岩石、树木或其他较大的残余物时，一旦这些物质聚集起来后撞击到车上，后果就不堪设想了。1996年7月西班牙比利牛斯的一个营寨就发生过类似悲剧。

安全逃生

在洪水来临时，待在坚固的房子里面的人可以到较高楼层甚至是楼顶寻求庇护。人们最终会幸存下来，但是他们的财产可能被水毁坏。这对一个家庭来说无疑是悲剧。但是，可能更糟糕的事情还在后面。洪水会冲到建筑物周围的地面，破坏地面构造，在移动水所产生的压力作用下，给房屋结构造成不可挽回的损失。更有甚者，如果房屋地基不牢固，可能完全被水冲走。1903年6月14日下午，俄勒冈州海博纳地区的一所大木屋被暴洪冲出6个街区，房屋底层化为碎片，整栋房屋被毁。在这场洪水中，海博纳地区大约有250人死亡，约占人口总数的1/4。

水位上升时，很多人逃离了家园。洪水来临之前，通常会有警报，给当局留出时间对危险区进行清空。撤离的人群中有自愿的，也有被迫的，总之规模一般都很大。1997年5月在加拿大马尼托巴南部发生的所谓20世纪最大洪水中，2.8万人撤离家园。亚洲的撤离规模更大。1996年8月，洪水使孟加拉国10万人撤离；同年同月，当红河上游30英里（48公里）处大坝决堤，洪水涌入越南首都河内市区几英尺深时，8万多人被撤离。同年9月，热带风暴造成越南中部发水，又有11.4万人离开家园。

季风性强降雨也会破坏大面积地区。1996年夏季印度阿萨姆邦的六十多个村庄遭此一劫，大约150万人被迫撤离。印度当局搭建了120个临时营寨安顿灾民。1995年，夏季雨引起中国3个省发生洪水，至少1 200人死亡，560万人被淹。此外，洪水还冲毁大约90万所房屋，政府对130万人进行了安置。

来不及逃生时

提前警报通常会让人们有足够的时间撤离，但遗憾的是这并不是每次都能做到的。而且，如果人们步行到安全地带，时间肯定来不及。所以，只有在交通工具充足的情况下，安全撤离才有可能。水灾，尤其是突然发生的暴洪，几乎无一例外会引起死伤。2001年11月9—17日，阿尔及利亚北部发生严重水灾，750人死亡，其中首都阿尔及尔伤亡最惨重，仅这一地区就有1 500所房屋被毁，2.4万人无家可归。尽管伤亡数字很大，但是同过去相比已经降低了很多。

1421年4月17日，在荷兰的多特地区，海水冲垮了堤坝，围垦田被淹，10万人死亡。亚洲也经常遭遇类似规模的水灾。1876年，在现在的孟加拉国地区，来自孟加拉湾的气旋带来暴雨，已经因为季风而水位高涨的河流此刻咆哮了，恒河与布拉巴普特拉河相继泛滥，仅仅半个小时之内10万人被淹死，成为现代史上最为严重的自然灾难之一。类似的水灾于1996年夏季再次来临，孟加拉国将近1/3的地区受到影响，但死亡人数比上次少得多，为120人。尽管这个数字也不小，但同1876年相比还是少得多了。

在乡村地区，可供洪水破坏的房屋比较少，因此损失不会那么大。但是，一旦农田浸泡于水下，庄稼就会被毁坏。如果洪水流速很快，它会冲走沿途土壤以及土壤中的肥料、种子和正在生长的植物。如果洪水不流动，同样也会造成一定损失。水会灌满土壤粒子间的所有空隙，一些植物因为根部无法呼吸空气而被淹死。洪水退去以后，存留的植物也会因被埋在一层厚厚的泥土下面而导致最终死亡。

当某地食物供给已经十分短缺时，洪水的爆发会引起饥荒，使这一地区雪上加霜。1996年夏季发生的洪水毁掉了朝鲜1/5的水稻，中国也有250万英亩（100万公顷）庄稼被毁。

庄稼的损毁将导致食物短缺，更直接的损失是毁掉了很多人的生存之本。1996年孟加拉国的洪水使将近600万人失去了家园和庄稼。这次大灾难之后，孟加拉国政府面临的不仅仅是食物短缺问题，而且还要想办法帮助那些已经处于赤贫中的百姓。

疾病

既然洪水是由水量过多引起的，如果说和洪水有关的最严重的危险之一是由水短缺造成的，这未免有点矛盾。当管道断裂或者没有能量来驱动水泵时，管道水供应终止，污水漫延开来。一般情况下，污水是在重力作用下流向地下或者是经水泵抽出而排放的。泛滥的河流会使污水在巨大的压力之下反方向流动，流回下水道，漫延到街道上。洪水退去之后，在地表低矮的地方或建筑物的地基以及地下室内留下较大的水塘。这些水里面包含洪水携带的物质，有可能已经被污水严重污染了。

这些水中存在着带病细菌繁殖的条件，细菌又可以轻而易举地感染人类。腹泻、恶心以及呕吐是细菌感染后最常见的症状。出现这些症状以后，患者感觉极不舒服，重者甚至有生命危险，尤其对于儿童来说。洪水之后经常发生的传染病包括霍乱、疟疾和猩红热，如果治疗不及时，患者有可能丧命。这些疾病的患者需要进行药物治疗，医务工作者要迅速将药物分发下去。只有当污水被除去、净水供应恢复以后，才可以根除这些疾病。由于这些疾病传播极快，所以解决水的问题是非常紧迫的。

水灾代价

提到灾难时，我们总是用金钱来衡量损失，这样比较方便，而且也可以对不同灾难的严重程度进行对比。以金钱计算,洪水造成的损失经常达到上亿美元甚至更多,因此它的代价是昂贵的。仅1996年一年,洪水带来的损失如下:俄罗斯损失1.4亿美元;加拿大、韩国、北欧、美国、中国分别为2亿美元、6亿美元、20亿美元、25亿美元和120亿美元。年份不同,水灾损失也不同。20世纪90年代美国的年均水灾损失是40亿美元;而全世界年均水灾损失大约100亿美元。

以上的水灾损失标签只是损失的一部分,可能也是最次要的一部分。标签上包括家园、庄稼、工厂、街道、桥梁及公共建筑设施方面的损失,这类损失是逐年增加的。在美国,水灾损失已经从20世纪40年代的10亿美元增长到90年代的40亿美元(这个数据已经将通货膨胀率计算在内)。损失数额的增加主要是由于财产的价值逐年增加,投保财产的比例也逐年增大。

水灾带来的损失还不仅仅是金钱方面的,更重要的是,它危害了人的性命。普通人因此而家毁人亡、流离失所,失去生活来源。在某些国家,保险可以帮助人们重建家园、恢复生计,但并不是每个人都支付得起保险费用,而且人们在失去辛勤劳动而获得的宝贵家园之后的精神损失也是无法愈合的。金钱所带来的补偿是远远不够的。

水灾与土壤侵蚀

大河携带着巨量的泥沙。每年从田纳西河入海的沙砾达到1 100英吨(1 000万公吨),密苏里河输送的泥沙量是1.76亿英吨(1.6亿公吨)。不同河流由于流经的土地种类不同,所以输送的泥沙量也不同。土壤从陆地输送到海洋的过程年复一年地进行着。美国每年因此而流失40亿英吨（36亿公吨）土壤，其中大约一半沉积在湖泊或海洋里。

强降雨过后，河流水位上涨，河水面貌发生变化。由于水中土壤数量激增，曾经清澈透明的河水在大雨后的急流中变得混浊不清。如果此时河流决堤，洪水直接流入陆地，那么会冲走更多的土壤。这些土壤并不一定会完全流失，有一部分会在坡底的陆地上沉积下来。

风化作用

土壤中包含一些矿物粒子，这些粒子是土壤断裂后形成的。当岩石的微小空隙内的水冻结时，释放出巨大能量，岩石部分断裂。一段时间过后，冰融化成水，碎片随水流出。接着，碎片在风或水的作用下移动，并在与其他粒子的摩擦中受到击打、碾磨。这个过程叫做物理风化。岩石的成分与构造方面的差异导致土壤粒子大小不一。与岩石中粒子的化学反应引起化学风化，它也对土壤的构造起到一定作用。

粗沙中每盎司干沙中含有2 500个沙粒（每克88个）；细沙每盎司中含有130万个沙粒（每克4.55万个）。淤沙沙粒更小些，每盎司包含1.65亿个沙粒（每克600万个）；黏土粒子最小，所以单位含量最多，每盎司中含2.5万亿个（每克875亿个）。如果土壤中有植物生长，那么当然里面也含有一些有机物，主要是动植物残留物及其分解后的产物。

抓起一把不太干燥的土壤，你会发现土壤粒子成小块状粘在一起。地上的土壤中，小块又彼此粘连，形成大土块或土堆。当水移动土壤时,必须先从小块开始,这是侵蚀过程的第一步。

土壤粒子或小块分离出来以后,水就可以移动它们了。强降雨的雨水落在光秃的地面上后,水携带着土壤沿着斜坡在地表流动。渐渐地,坡底的土壤越积越厚,而坡顶的土壤越来越薄,直到最后顶层土壤完全被冲走,露出亚土壤。亚土壤的出现可以说是第一次给农民们敲响了警钟,让他们知道土地的现状。

土壤之间的相互移动作用

土壤侵蚀可以自我加剧。即便是在快速流动时,清水移动土壤粒子的能力也很弱。但是,一旦清水中开始携带土壤粒子,它移动土壤的能力就大大加强了。水中的土壤粒子与土块中的粒子彼此撞击后,将土块中粒子撞松散,随水流动。当水向下坡流时,携带的土壤量增多,速度加快。

因为动能(运动的能量)与速度的平方成正比(参见补充信息栏:动能),所以水流的速度起到重要作用。与此相比,斜坡的长度就更重要了。首先,水在长坡上流动的路程比短坡长,所以它就有更多的时间集结土壤。其次,长坡中暴露在外的土壤面积比短坡大,如果水流经坡的整个区域,那么长坡上就会有更多的水来集结和运输土壤。

河流的流域面积越大,单位面积内进入河流的土壤越少。这并不是说流到河流中的土壤少了,而是更多的土壤在到达河流之前沉积在了相对低矮的土地上。密西西比河每天将100万英吨(90.8万公吨)沉淀物输送入海,但是由于它的流域面积大,所以平均起来,每平方英里土地每年只流失290英吨(每平方公里102公吨)土壤。

加利福尼亚州的圣盖布瑞尔山的流域面积很小，所以每平方英里年均流失的土壤达到 5 000 英吨（每平方公里 1 750 公吨）。当大火烧毁了表面的植被以后，土壤年均流失量达到了每平方英里 10 万英吨（每平方公里 3.505 万公吨）。

沙漠地区侵蚀最为严重

在气候干燥的地区，土壤更容易从土地中流失出去；在降雨均匀的地方，尽管每月的降雨都会增加年均的降雨总量，但是那里的水土流失并不像干燥地区那么严重。干燥地区可能数周甚至数月不降雨，除了黏土粒子在太阳烘烤下萎缩变硬以外，其他土壤彻底干透，土壤粒子分离开来。汽车行驶过沙漠路面以后扬起的灰尘证明了土壤已经变为灰尘或散沙。在这种状况下，极少有植物能够生长，因此植被稀少。广阔的干燥地面上，只会零星地分布着几棵灌木和硬草。

当雨最后降临时，经常是风雨交加，短时间内便有大量降水。即使是多孔的沙质土地也无法在瞬间内吸收那么多水，所以土壤很快便吸饱了水，地表形成水流。水流冲走土壤，留下了峡谷和旱谷作为临时的水渠。这类地貌特征常见于美国西部和大平原地区，证明了暴雨具有巨大的侵蚀能力。在美国落基山脉以东的大部分地区，90% 的土壤流失是由罕见的大规模暴风雨造成的。

某些地区在这方面更脆弱。20 世纪 30 年代，犹他州盐湖城以北地区遭受了连年洪灾，引起巨大损失。洪水同时带来了大量泥沙、碎石和大石，这些物质源于特殊场所，构成了河流流域的 10%。在那里，过度放牧和火灾已经破坏了大部分植被。后来，这一地区制定了有效的防火措施，禁止放牧，斜坡上每隔25码（23米）挖一个壕沟，并种植了生命力强的草木。从此以后，风暴也照样来侵袭，但是再也没有发生过洪水席卷大量土壤淤积物的情况。

水灾是由于水量过多引起的，水灾中流过地表的水大部分流失了。然而，在沙漠和低降雨量地区，水是宝贵的资源。如果能将地表的水也储存起来，那么暴风雨过后人们就有更多的水来灌溉庄稼。

当侵蚀带来一定后果时

新的土壤每时每刻都在形成中，所以由于侵蚀而造成的土壤流失一般不会很严重，除非在土壤流失速度比生成速度快的地区（参见补充信息栏：土壤侵蚀）。近些年来在美国，土壤因侵蚀而流失的速度是新土壤生成速度的17倍，全国90%农田都处在土壤流失的状况中。美国的土壤侵蚀是很严重的，而在非洲、亚洲和南美洲的部分地区，土壤侵蚀的速度比美国还快一倍。联合国粮农组织估计，如果农田管理水平仍旧没有得到较大提高，那么到2010年为止，全球将有近3.46亿英亩（1.4亿公顷）土地遭受严重侵蚀，其中大部分在亚洲和非洲。

补充信息栏　土壤侵蚀

某种特定土壤受风力侵蚀的程度可以用风力侵蚀公式来进行计算，该公式是由 W·S·彻比尔和 N·P·伍德鲁夫在1963年发明的。公式表达为：$E=f(I. K. C. L. V)$，其中，

E代表受侵蚀土壤流失总量，单位为吨每年；I代表以土壤颗粒大小和土壤颗粒结合密度为基础的土壤侵蚀系数；K代表土壤表面的粗糙度；C代表气候因素，主要以风速和土壤中的有效水分为基础；L代表风段长度，即风吹过的距离。公式表明E是所有这些因素中的函数。

计算通常由专业化的电脑软件进行，在这样的电脑软件问世以前，通过复杂的运算得出一个估计值，再使用估计值从图表上得出最后的数值。

修筑梯田可以控制坡的斜度，有效缓解土壤侵蚀。梯田像台阶一样将斜坡分为一系列的平整地区，水流下坡的速度减慢，这样就留出足够时间把它携带的土壤物质沉积下来。沿着梯田每个阶梯边缘类似矮墙的脊处能够存留更多的水。如图48所示，在小坡度的斜坡上，理想的格局是沿着每节梯的低矮边缘处挖一个浅浅的沟，用挖出的东西筑起一个低矮的脊。这类梯田本身地基较宽，坡度较小。在坡度较大的梯田上，每节梯田几乎位于同一水平线上。沿着梯级的上边缘挖出的土用来筑起之上的相邻梯级的下脊。

土壤流失到哪里去了？

干燥地区是最脆弱的，而其他地区也好不到哪里去，几乎没有哪个地方不会遭遇洪水和随之而来的土壤流失。上层的土壤中包含植物生长所需的营养物质，它们的流失使土壤生产能力下降。从斜

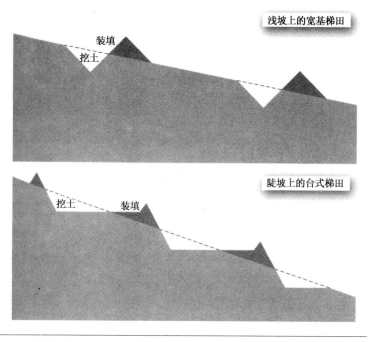

浅坡上的宽基梯田

装填

挖土

陡坡上的台式梯田

挖土

装填

图48 两种梯田布局

梯田用来减少水的流失，缓解土壤侵蚀。

坡状土地流失的土壤大部分沉积在低矮的地方，这给人的感觉是某块田的所失，就是另一块田的所得，但事实并非如此简单。表土被剥离以后，不那么肥沃的次土壤可能紧随其后被剥离，并且沉积在表土之上。这种方式积累下来的土壤往往对庄稼并无益处，因为不肥沃的次土壤位于土壤表层了，作为厚厚的泥土沉积下来，掩埋了耕种土壤及长在上面的植物。当洪水在城镇漫延时，它所携带的大量土壤残留下来，形成厚厚一层无用的脏泥，进入地下室，覆盖街道和建筑物的低层部分。

洪水中携带的土壤并不都沉积在陆地上，大部分都随河流流入下游。当河流经过平地时，河流速度减慢，动能也随之减少。这时，河流无法携带太多的固体粒子，所以它们就开始停留在河床上。一段时间以后，河床升高，但各处升高的程度并不均匀。在某处，沉淀物堆积成堆并不断加高，最终形成障碍物阻挡河流的前进。在洪峰经过时，障碍物不断变化，减少了河渠的容量，增加了河流决堤的可能性。在土壤流失的情况下，上游处的洪水极有可能在一段时间后使下游泛滥。

如果修筑了大坝，河流中的沉淀物会停留在坝后的水库中。水库的作用是储水和发电，而沉淀物的堆积降低了其储水和发电的能力。在沉积作用的影响下，位于弗吉尼亚州福里斯的华盛顿米尔斯水库在修建35年之后，储水量只有刚建时的17%。这是一个极端的例子，但这类事情确实也在其他地方发生着。多数水库都是将河拦截建坝后建成的，它们也因此而逐渐失去了相当一部分容量。

没有沉积在河床的土壤物质随着河流到达河口，然后流入大海。土壤粒子是由淡水携带而来的，当淡水和海水混合时，带负电的氯离子与带正电的钠离子形成带电土壤粒子之间的链接，使它们彼此粘连（术语是絮凝）。粘连的土壤作为沉淀物沉积在河口底，形成障碍物，阻住了船只入河的航道。土壤的沉积物也可能会升高海港处的海床高度。为了保持水的规定深度，人们必须定时清理多余的沉积物。

沉淀物的累积也会改变三角洲的形状与位置。密西西比河三角洲的某些地区面积不断扩大，使陆地延伸到了大海，而经常遭遇暴风雨的邻近海岸却在不断后退。整个三角洲正在缓慢南移。

洪水所到之处，除了破坏财产和庄稼以外，还会损坏流经的土地、河流、水库和海岸，在那里留下大量的土壤沉淀物。从犹他州的事例以及人们在容易遭受损伤的农田修筑梯田的传统可以看出，在危险性得到确认的地方，人们可以采取措施减少或根除危害。并不是一切水灾都可以避免，但是即使发生了，也不一定具有极强的破坏性。

历史上发生过的大型水灾

大规模水灾总是给人们造成巨大损失，牺牲多人性命。在美国，即使到了现代，水灾造成的伤亡仍旧占所有自然灾害伤亡总数的40%（这是30年平均的数字）。从经济角度来说，水灾造成的损失占所有自然灾害损失的30%，其中包括飓风、龙卷风、暴雪、干旱、雷电、冰雹、高温、严寒以及洪水。水灾造成的损失实在太大，人们总是无法忘记。甚至在一些古老的神话和传说中，也有关于洪水的说法，那时还没有任何书面记录。

大约9 000年前的冰河世纪末期，当冰河消退，天气变暖时，很多人在岸边地带定居下来。在海边生活并不难，捕鱼和捡拾贝类要比打猎容易得多，并且海物的营养价值极高。饮用水也不成问题，可以从陆地上流下的溪流中获取，而蔬菜也可以在不远处的内陆地区找到。所以海边地带是很好的居住区。但是，不幸的是，冰河的融化导致了海平面的上升。这个过程虽然缓慢，但是各处都在以同样的速度进行着，而且有时变化会突然发生。

设想你就生活在那个时代。你的房屋离海岸不远，所在的位置高度和海平面差不多，甚至比海平面还低，只是在房屋和海岸之间有高地相隔。海平面上升时，高潮水位到达离陆地越来越近的地方，海浪也是如此。突然一场异常猛烈的风暴来临，然后是接连几天的向岸风吹向海岸。只要有一场大风暴同大高潮同时到来，海岸与内陆之间的高地就会被冲开，海水会顺着冲开处进入内陆。几分钟之内，你的小屋就会被淹没。这种灾难可能就发生在深夜，当你和其他人熟睡时。在过去，此类水灾肯定在很多地方多次发生过。水灾中的幸存者一定会设法到其他居住区去，讲述他们的悲惨故事以换取同情，得到食物和住处。当然，每次讲述过后，故事的内容也一定被人们夸大了。

在亚洲，在冰河与冰盖融化造成海面上升的时代，季风可能也比现在强烈。两个因素结合在一起，一定会引起经常性的大规模水灾，给后人留下更多关于水灾的传说。

吉尔伽美什和诺亚

关于水灾的传说很多，其中一部分源于圣经旧约《创世纪》中对水灾的描述。其中一个传说中说，5 000年前生活在波斯湾北端的闪族人相信上帝要惩罚他们，并发大水来破坏所有人类。但是一个国王提前知道了消息，坐船离开水灾地逃生。

生活在波斯湾以北较远处的古巴比伦人对这个故事进行了加工，杜撰出与诺亚方舟相类似的神话。他们的英雄国王在水灾中安排家人上船，同时还带出一些物品、鸟类和其他动物。亚述人也流传着一个类似的故事。故事的主人公乌特纳比什基姆用船载走了他的亲属、工人以及动物，从水灾中逃生。这个故事在吉尔伽美什史诗中有所记载。

1929年，考古学家挖掘出古城乌尔的遗址，也就是今天的伊拉克。他们发现了一个2.4米（8英尺）厚的洪水沉积层，这清楚地证明了这一带在3 200年前发生过洪水，可能是由于幼发拉底河泛滥所致。附近的基什和尼尼微遗址也有公元前4000—前2400年曾经遭遇水灾的痕迹。尽管现在的伊拉克气候干燥，那里却是很多水灾传说的发源地。从未有过哪一场水灾可以淹没整个地球，但是确实发生过多场大水灾，其规模之大，让灾区的人们以为整个世界都受到了影响。某些地区，尤其是在幼发拉底河和底格里斯河之间的陆地上，水灾反复发生，对当时的社会发展带来了一定的影响。

传说中的诺亚水灾是否属实？

1996年，美国海洋地质学家威廉姆B·F·莱恩教授与沃特C·彼特曼提出，7 600年前确实发生过灾难性的大水灾，使中东地区的文明毁于一旦。大约9 000年前冰河世纪结束时，黑海只不过是一个大型的淡水湖，而现在的博斯普鲁斯海峡当时还是一条狭长的陆地，成为黑海与马尔马拉海之间的一道天然大坝。图49是现在的博斯普鲁斯海峡所在位置。它是一条隧道，长19英里（30公里），宽787码—2.25英里（720—3 620米），深120—410英尺（37—125米）。土耳其的伊斯坦布尔就坐落于它的南端。

当冰盖融化时，不断上升的海水冲破了博斯普鲁斯海峡。莱恩和彼特曼发现，一些证据表明，海水曾经以尼加拉瓜瀑布下落力度的200倍力冲破海峡。当时的淡水湖以及周围地区被海水淹没，一天之内上升了6英寸（15厘米）。在不足一年的时间内，海水覆盖了

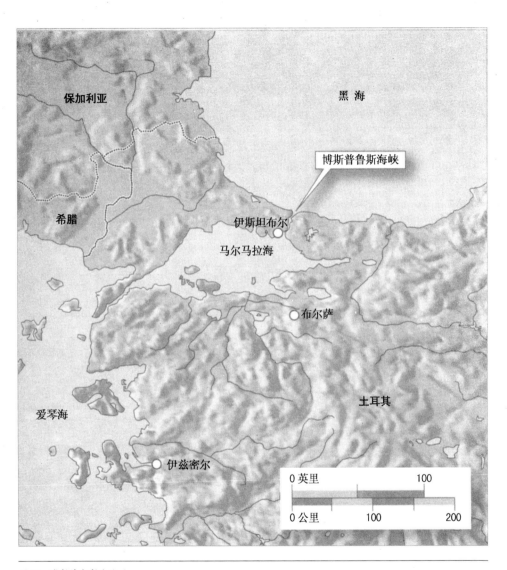

保加利亚

黑 海

博斯普鲁斯海峡

希腊

伊斯坦布尔

马尔马拉海

布尔萨

土耳其

爱琴海

伊兹密尔

| 0 英里 | | 100 | |
| 0 公里 | 100 | | 200 |

图49 博斯普鲁斯海峡

博斯普鲁斯海峡连接马尔马拉海和黑海。

6万平方英里（15.54万平方公里）的土地。当时，由于周围其他地区极为干旱，而湖岸地区能为人们提供大量的淡水资源，所以这一带人口稠密。大水发生后，多数人死亡，少数幸存者将这一事件描述出来，最后成为素材，进入了吉乌苏德拉、阿特拉哈西斯、吉尔伽美什和诺亚的故事中去。

国家地理协会对这两位德高望重的科学家的提法甚感兴趣，因此出资进行了一场由海洋学家罗伯特·巴拉德领导的为期5周的海下探险以搜集考古学方面的证据。2000年9月13日，协会宣布，探险队伍发现了保存完好的物品，表明在黑海中311英尺（95米）深、距土耳其海岸12英里（19公里）处的地方曾经有人类居住。巴拉德的队伍还发现了坍塌的建筑物、雕刻了图案的木质横梁以及石质工具。

从历史中得到的启示

这些古老的传说叙述的只是久远以前的故事，但是同时也给人们带来一定的启示。在阿特拉哈西斯史诗中，由于人口数量过多，创造了人类的神想方设法控制人口的数量。他们首先送来一场瘟疫，然后是旱灾和饥荒，但是每次都只能暂时缓解这一问题。最后，他们决定将人类彻底摧毁，因此发动了水灾。但此时他们又意识到还需要人类来生产食物、管理地球，所以决定允许人类生存下来，只是每隔一段时间要发生一些人间悲剧以阻止人口无法控制地发展下去。《圣经》中《创世纪》对这个故事加以叙述时，再也没有对人口控制的问题加以强调，只是说明水灾造成了一些后果，从而使人类行为得到了一定的约束。

这些传说还给我们带来了一个更直接的启示：生活在沿岸低地和大河流域泛滥平原的人们要时刻警惕，洪水随时可能发生。1099年，由于风暴潮引起水灾，荷兰和英格兰南岸共有1万人丧命；1953年的风暴潮是欧洲现代史上最严重的自然灾害之一，在英国、比利时、荷兰，仅1月31日和2月1日两天之内就有两千多人死亡。1421年4月17日，海水冲垮了荷兰的多特大坝，围垦田被淹，10万人淹死。

　　此外，许多大河也会周期性地发生河水泛滥事件，而且不分地区、气候。非洲国家马里面积大于埃及，国内部分地区被撒哈拉沙漠覆盖，年均降水不足9英寸（299毫米），所以并不是一个洪水高发地区。然而这样一个地方还是遭遇了水灾，国内重要的贸易中心通布图被毁。通布图位于尼日尔河转弯处附近，尼日尔河与运河连接，为这个城市提供生活用水。1591年12月，位于几内亚的尼日尔河河源处发生特大暴雨，河流泛滥，通布图的4万人被迫逃离。

　　1969年10月，突尼斯发生水灾，三百多人丧命，1.5万人无家可归。1973年春季，这里再次遭受水灾，90人死亡，6 000所房屋被毁。1996年，苏丹首都喀土穆在接连2小时强降雨之后引发洪水，数千所房屋被毁。2001年，阿尔及利亚首都阿尔及尔也发生严重水灾。伊朗东北部气候干燥，马什哈德市位于伊朗与土库曼斯坦交界处附近的山区，年均降雨量约9.6英寸（243毫米）。2001年8月，这里遭遇了200年来最严重的水灾，1万多人被迫撤离，181人死亡，另有168人失踪。

　　有时发生泛滥的不仅仅是河流，也可能是干涸的溪流和峡谷。

伊朗就发生过类似事件。1954年8月17日,伊朗的法拉再德发生猛烈风暴,引起暴洪。90英尺(27米)高的水墙冲垮了一个圣殿,当时那里有大约3 000人在做礼拜。一名伊斯兰教的神学家看到了这一场面,向里面的人大喊,但是最终还是有一千多人没能逃离。

澳大利亚的气候也比较干燥,但是在1955年新南威尔士的卡斯特雷河、纳莫伊河、圭迪尔河泛滥,造成近4万人无家可归。这还仅仅是一个前奏。第二年这一带发生了更大规模的洪水,泛滥的河水在黑镇和巴尔拉纳德镇之间形成一个40英里(64公里)宽的临时内陆海。

意大利的阿尔诺河曾经屡次泛滥,1333年淹死了三百多人。从损失来看,最严重的当属1966年11月的水灾(参见前言部分)。当时,佛罗伦萨市区的某些地段水深已达20英尺(6米),具有重要历史意义的建筑物和艺术珍品也遭到不同程度的损毁。

美国历史上的水灾

1955年,奎那堡河河水毁灭了康涅狄格州普特南姆市1/4的建筑物。当时,康尼和戴安娜两场飓风在几天之内先后扫过新英格兰南部,带来强降雨。8月18日这天陆地的降水量是8英寸(203毫米),而在此之前的4英寸(102毫米)降水已经使河流达到饱和。结果,8月19日上午,河流上游的大坝相继被冲毁,洪水漫延到城镇。幸运的是,普特南姆没有人员伤亡。

但是,1972年6月的南达科他州却没有如此幸运。布莱克山的降雨引起大范围水灾,几百人被淹死。融雪也会引起水灾。1997年4月17日,当高地融水大量流下时,雷德河与明尼苏达河决堤。北达科他州的大福克斯几乎完全浸入水下,6万名居民被迫撤离。这场水灾中共有11人死亡,造成的直接经济损失达37亿美元。1973年10月,特大暴雨降临美国,从内布拉斯加到得克萨斯的大面积地区受到影响。

美国的最大河流——密西西比河时而会发生变化,类似内陆海。1926年8月,大雨过后,河水流量增加并持续上升,最后终于在第二年4月决堤。当时,水位太高,河水被推回到几条支流中,致使支流也相继决堤。最后洪水覆盖了7个州的2.5万平方英里(6.475万平方公里)土地,其中路易斯安那、密西西比和阿肯色州受灾最严重,某些地方水深18英尺(5.5米),宽80英里(129公里)。直到1927年7月,洪水才最后退去。

10年后的1937年1月,大雨引起俄亥俄河决堤,大量水排放到密西西比河后,密西西比河再次泛滥。在伊利诺伊州的凯罗地区,密西西比河水位比平时高出63英尺(19米)。本次水灾共淹没1.25万平方英里(3.2375万平方公里)土地,毁坏1.3万所房屋,造成4.18亿美元的经济损失。1973年4月,密西西比河及其支流又一次泛滥,淹没了圣路易斯附近1 000平方英里(2 590平方公里)的土地,那里正是密西西比河与密苏里河的交汇处。

中国历史上的水灾

河流泛滥并不都是自然事件。在中国,人们曾经把洪水当作一种武器使用。随着周朝的衰落,几个世纪以来,群雄们争夺领土和权力的斗争加剧。在这个结束于公元前221年的混乱时期内,其中一方为提高生产力修建了运河、水库和大坝,而另一方则用洪水来冲淹对方的土地,达到破坏敌人的目的。

一千多年以后的公元923年,一名将军在后梁与唐朝军队的战争中重新使用这一方法,淹没了对方1 000平方英里(2 590平方公里)的土地。1642年,农民起义军领袖李自成命令士兵冲破黄河大堤,水淹他们正在包围的城市——开封,90万人丧命。1938年,国民党军队又利用黄河作为致命武器,阻止日本军队前进。他们当时也炸开了大堤,淹没了9 000平方英里(2.331万平方公里)面积,造成五十多万中国百姓死亡。

当然了,黄河水灾大部分还是自然灾害。1887年9、10月,郑州附近的黄河大堤决堤,河水涌出,淹没了一千五百多个城镇和村庄,覆盖到1万平方英里(2.59万平方公里)。无人知晓这次水灾中死亡的具体人数,估计是90~250万人。1931年的水灾更为可怕,从7月开始一直持续到11月。洪水淹没3.4万平方英里(8.806万平方公里)的土地,毁坏了8 000万人的住所。在这一地区,共有100万人当场淹死或死于洪水之后的饥荒和疾病。

1931年,当长江也随之泛滥后,中国遭受的损失加倍。暴雨过后,长江水位上升了97英尺(30米)。水灾之后又接连发生了饥荒,共有370万人死于洪水或饥荒。1954年的长江洪水也同样引起了饥荒,造成3万多人死亡。

中国南方位于夏季季风带,经常会短期内降下大暴雨。如果季风带来多于以往的水量,就可能引起水灾。1973年8月,自喜马拉雅山脉向南的河流泛滥后,淹没了巴基斯坦、孟加拉国以及印度3个邦的数千平方英里农田。有些地区的整个城镇被淹,数千人死亡,数百万人无家可归。

欧洲历史上的水灾

冰雪融化也可能引起河流泛滥。当春季来临，冰雪消融时，松散的冰块随着融水一起流入下游的河水中，引起水位上涨。如果冰块被某个物体阻住，可能会形成大坝。1824年俄罗斯的涅瓦河就上演过此类悲剧。圣彼得堡以及位于涅瓦河三角洲岛上的喀琅斯塔德共有1万人死于洪水中。

英国是温和潮湿的海洋性气候，也曾屡遭洪灾。苏格兰马里郡境内的斯贝河与芬得霍恩河在1829年8月发生水灾；1852年9月英格兰中部塞文河泛滥，淹没了大片面积，以至于河谷变成了连绵不断的淡水海洋。第二年，洪水再次袭击英格兰。1875年11月，泰晤士河水位上升了28英尺（8.5米），伦敦中部大部分地区被淹没。英国现代历史上最严重的水灾发生在1952年，沿海村庄利恩茅斯在暴洪中遭受了惨重损失。

维昂特大坝失效

1963年欧洲发生了其现代史上最为严重的水灾，洪水袭击了意大利东北部、威尼斯北部和帕都瓦地区。在维昂特河与皮阿孚河的交汇处，人们筑起860英尺（262米）高的大坝，用来发电。大坝在1960年竣工，由于设计合理，坝基处只需74英尺（22.6米）厚。大坝呈拱形，极其坚固，尽管3年后发生了悲剧，但大坝还是完好的。这里的水库额定储水量是30亿英吨（27亿公吨），而到了1963年，由于电能的需求增加，水库水位被人为地升高，直至低于溢洪道76英尺（23米）处。

水库之上是芒特陶克山的北坡，山坡上大约1平方英里（2.6平方公里）的面积是由松散的岩石构成，主要是石灰石以及包含贝壳和泥灰的黏土层。尽管山坡构造上极不稳固，坡底又比较浅，但是工程师们认为，陡峭的坡顶如果发生塌方，岩石到达水库以前就会被坡底阻挡。在水库逐渐水满的同时，岩石堆以每天半英寸的速度下滑，而此刻工程师们仍旧认为岩石会稳定下来。1963年4月，大雨过后，水库水位涨至距坝顶40英尺（12米）以内的位置。

　　同年10月8日，经过10天的大暴雨之后，松散的岩石开始以更快的速度下滑。人们将两个出水通道打开，以便将水库内多余水迅速排出。然而，这并不是一件容易事，因为大雨还没有停止。大雨同时也使周围土地的吸水量达到饱和，地下水面升高，直至与地表接近。这时，地下水会对坡底的岩石施加向上的压力，岩石堆在明显地移动，并且覆盖的面积比工程师们之前的预料大得多。事实上，排放水库中的水反而增加了岩石的不稳定性。水的重量对岩石堆底部造成一定挤压，能够阻止它向下滑。另外，水库水位的降低并不能帮助山坡的水排放出去，因为山坡水被黏土阻住而无法外流。10月9日这天，岩石下滑速度加快。

　　10月9日晚10时40分，3.14亿立方码（2.4亿立方米）岩石堆以每小时70英里（113公里）的速度滑下，落入水库中。岩石、泥土和空气造成突然潮涌，激起的波浪高出山谷，有些波浪高出水库水位985英尺（300米）。某些巨浪升高到坝顶后，溢出大坝，冲进山谷。到达大坝下游1英里（1.6公里）处的朗格若恩镇时，230英尺（70米）高的巨浪还在前进，这个镇的居民几乎全部死亡。巨浪沿着山谷继续扫荡，淹没了比拉格、威尔诺维和瑞维塔等村庄。这场灾难的整个过程仅仅持续15分钟,却造成两千六百多人死亡。最近的幸存者生活在高于水库850英尺(260米)处的山南坡,他亲眼目睹了这一过程。当晚10点40分左右,屋顶被掀翻,水和岩石犹如雨点般落到他的头上,他被惊醒。

　　每年水灾的次数有增无减,更多的房屋和庄稼被毁坏,更多人因此而丧命。古代传说中的故事在现实生活中无休止地上演着,而且无疑会继续上演下去。但是,我们有望在未来的几年内,水灾不会给我们带来更大损失,也不会取走更多人的性命。现在的科学家和工程师对洪水的发生机制有了更多的了解,因而能够更好地控制;气象学家也能够更精确地预测天气,对洪水的发生做好预防。

七

水灾的预防、警报和逃生

陆地排水系统

如果平时干燥的土地上因为水的聚集而引发水灾,可以在地表处形成溪流以前就将水排放出去,达到先发制水的目的。这就是排水的目的。由于流动的水能够移动土壤,所以尽早排水也可以减缓土壤侵蚀。而且,通过排水,土壤堆积河中、污染河口与港口等一系列问题也会迎刃而解。

过去,农民一般靠挖建排水沟来为田地进行排水,在乡村至今还可以看到这类排水沟。排水沟一般建在田地的高处,与坡度成直角,阻止水的进入。田地之上的地面排出的水流入沟中后,沿着它继续流动,直到最后流入到河流或湖泊中去。排水沟能排出水量的多少取决于沟的深度。沟越深,排出的水越多。

水通常会自然地在坡底聚集,如果无法及时排出，土地便会变得无法渗水。长此以往，土地的农用价值就会降低，甚至无法耕种庄稼。沿斜坡每隔一定距离挖建的排水沟可以有效预防和阻止这一现象。排水沟需要定期进行维护。这是一种劳动密集型的工作，因此比较昂贵。但是，如果不定期清除，植被就会阻挡水流，最终将排水沟堵死。从上面的田地中冲下来的土壤流入排水沟后，沟会逐渐变浅，排水量也随之减少，还可能侵蚀沟两旁的土地。如果人们不对排水沟进行定期维护，它们最终会变得毫无用处。在农业密集、农田宝贵的地区，排水沟占据了一定的农田面积，并且会妨碍现代农用机械的正常运作。某些农民把昂贵的维修费用、机械的操作难度以及潜在的农田面积的损失这些因素综合起来后，决定填平水沟，寻求其他方法治水。

排水管道和排水沟，哪个更好？

某些情况下，人们可以用管道来代替排水沟进行排水。管道同沟的功能一样，可以埋在地下，而且安装以后的维修工作非常简单，又不耗费太多人力。管道只适合取代一些小的排水沟，因为主沟水量太大，如果用管道代替，那么价格会昂贵到让人无法承受的地步。

排水沟也有一些管道所没有的优点。除了排水以外，它们还能够储水，将水一直保存到潮汐或水位下降时为止。在某些地区，排水沟提供的这种服务是极为有用的，而排水管道系统却很难做到这一点。

另外，习惯于生长在河岸边的植物常常会在大型排水沟的两边成行生长，沟边地带成为野生动植物的栖息地，而野生动植物是应该受到保护的。

植物在土地开垦中的作用

植被在洪水预防中起到一定的积极作用。所有植物都可以通过蒸发及蒸腾作用将水从陆地上转移到空气中。生长在河岸边的植物在这方面更为擅长，毕竟它们是自然生长在那里，也就对湿地环境更为适应。事实上，也正是由于这个原因，人们在土地开垦的过程中，经常种植河边物种，它们有助于干燥土壤。当地下水面降至根以下时，这些植物会死亡，其他植物会代替它们的位置生长在那里。

植物，主要是草类，也可以用来修复被侵蚀过的沟壑溪谷。当水流过地表时，水流的速度同地表的坡度和粗糙度成比例。地表越粗糙，水流速度越慢。生长在沟壑溪谷中的草使地表变得崎岖不平，因而可以减慢水流的速度。水流速度减慢以后，水流的能量也随之减慢，土壤粒子就会作为沉淀物沉积下来。这些沟壑溪谷有了越来越多的土壤沉积后，就会逐渐变成青草包围之下的"绿洲"。

田间排水沟

在田地中埋于地表之下的田间排水沟是用来降低地下水面的。这并不是什么新生事物。过去，农民若想以这种方式给田地排水，他们就会挖一系列与地表坡度平行的窄沟，用大石堆砌在沟的两边，再覆盖一些树枝及小树，然后把他们挖出的土填到树枝上面，将沟埋起来。当然，随着树枝的逐渐腐烂，上面的土壤会掉到沟里面去，最后将沟填平。这时，农民就不得不重新挖沟，比较辛苦。幸好这类沟每隔几年才需要重新挖一次，而且除了要花费劳动力以外，不会对农民造成任何物质或材料上的损失。

既然水沟的任务是将水排到坡下，那么水沟本身就必须有一定坡度。在山坡上挖沟是不成问题的，只要沿着山坡的自然坡度就可以了。但是，在地面坡度非常小的情况下，水沟的坡度需要超过地面的坡度，倾斜比例应当不小于1∶1 000，这表示水平方向测量的坡的倾斜度每降低1 000个单位（单位用英尺或米表示），水沟的高度降低1个单位（相对于海拔来说）。如果比例超过1∶1 000，水就可以自由地在排水沟中流动，而且，它们也可以在暴雨期间尽可能多地进行排水。

鼠道式排水沟和瓦管排水沟

沙土由体积相对较大的粒子构成，而且粒子间有较大空隙，因此可以在无任何外力帮助的情况下自由排水。地表较重的土壤，尤其是黏土，要借助于浅地表排水系统。这是因为，黏土粒子极其微小而又彼此紧密粘连，所以地表的水若要从中通过是非常困难的。耕地过程中未触及的下层黏土往往会在气候潮湿时因水分过多而无法再渗水，到了气候干燥的时候，又会被太阳烘烤得非常坚硬。无论是哪种情况，土壤中都会生成一个不透水层，使上层土壤被水浸透后无法渗水。这种情况下，雨水不会渗入到地表下，而是沿着地表流动。因此，耕种深度以下的土壤因为得不到水分会继续干燥下去，而地表的水也很快干涸，宝贵的水资源就这样白白浪费了。

为了解决这一问题，农民们想出很多办法，其中最经济有效的方法就是用挖沟犁（见图50）来安装鼠道式排水沟。挖沟犁并不像普通犁那样在土地上挖出犁沟。它有一个与圆柱主体垂直的刀刃，叫做"犁刃"。犁刃的形状像颗子弹，水平地置于挖沟犁的底部。在

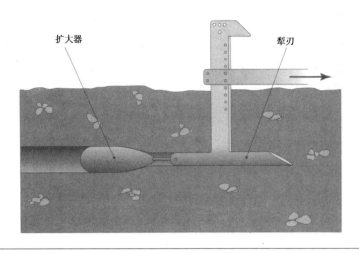

扩大器　　　　　　　　　　　　　　　犁刃

图50　挖沟犁

当子弹状的犁刃在土壤中前进时,后面的扩大器将它挖掘出的洞加宽加大。土壤堆到两旁,中间形成一个通道。这个通道就是排水沟,可以保持几年时间。

犁刃后,有一个宽宽的圆柱体,用来加宽加大犁刃挖出的洞。挖沟犁在土壤中运行时,它到达的深度可以由可调整的导向杆决定。它首先用犁刃挖出一个窄窄的裂缝,然后逐渐形成一条通道。挖出的土壤堆积在通道旁边,使通道保持开放。根据土质的不同,挖出的沟间距及深度也不一致,一般间距是9英尺(2.7米),沟深是2~3英尺(0.6~0.9米)。这个深度已经足够让水渗入次土壤中了。

随着挖沟犁在土壤中不断拖动,将土壤散向两边,这样两边的土壤之间会形成一个约45°角的裂缝(见图51)。水就是从这个裂缝中排放到鼠道式排水沟中的,然后再经排水沟流到较大的沟或管道中。人们犁地时通常不会对鼠道式排水沟造成影响,因为犁所触及的仅仅是表面下一英尺左右的土壤。在黏土中,鼠道式排水沟可以持续5~10年,然后开始崩塌,需要重新进行挖掘。

与鼠道式排水沟相比，瓦管排水沟保持的时间更长，只是费用也更高。另外，瓦管排水沟适用于土壤太软、无法挖建鼠道式排水沟的地方。瓦管排水沟的沟底是由管子一根接一根连接起来的。过去，管都是由多孔的黏土制成的，而现在通常是用聚乙烯或水泥制成，因为这些材料更便宜，而且耐久。瓦管排水沟的运作原理同鼠道式排水沟一样，但是它的体积要大一些，直径一般是3~12英寸（7.6~30厘米）。瓦管排水沟的间距要大些，根据土质不同，一般为70~100英尺（21~30米）。瓦管排水系统由排水支管构成，排水支管里面的水流入主排水管，也叫集极排水管，然后再流到河流中。各排水体系的形状根据地形以及地表坡度的不同而有所不同，其中最常见的是人字形排水沟（见图52）。

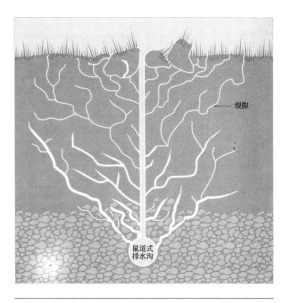

图51　鼠道式排水沟的功效

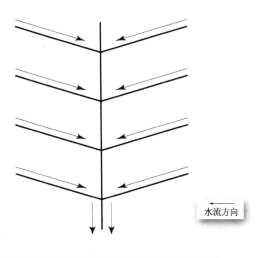

水流方向

图52　由排水支管注入主排水管的人字形排水沟

田间排水沟的优点

　　田间排水沟能够吸入它两边的水,因而有助于降低地下水面。距离管道最近地方的地下水面首先开始下降,然后这个效应向远处扩散。一般来说,排水沟经过几年之后才会达到它的最终极限。如图53所示,决定地下水面下降幅度的是排水沟的深度,而不是它的容积。

　　排水沟有助于改善湿地农田的质量,因此有助于提高庄稼产量。这也是它深受农民欢迎的原因。另外,排水沟可以将水改流到河流或池塘中,进而防止低地地区发生水灾。排水沟还可以沉积一部分田地沉淀物,缓解土壤侵蚀,防止河床升高。

　　田间排水体系同城镇中的街道、建筑和停车场等地的排水体系是大同小异的。同田间排水沟一样,城镇中的排水设施也必须具有一定规模,能够承载可能流入的最大量多余水。它也必须将水释放到低处,低于它为之排水的位置。在某些城市,这一点成了一个难

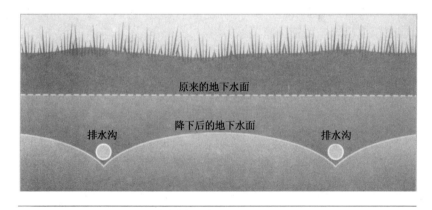

图53　田间排水沟对降低地下水面所起的作用

题。这些城市中的某些地方是低于河流水位的，所以水不能向低处排放，只能用水泵抽到高一些的位置。

泛滥平原

海岸附近或者河流的泛滥平原上的土地排水系统会增加这些地区发生洪水的可能性。在这类地区，保护建筑物的唯一切实可行的方法就是将它们建在洪水无法轻易达到的地方。

人们普遍认为，泛滥平原是容易遭受周期百年型的水灾袭击的地方。如果一所房屋的预计使用年限是70年，那么在这70年中，它极有可能遭一次周期百年型水灾的袭击。避免水灾隐患的唯一方式就是将它建在大水达不到的地方。同样的道理也适用于存在侵蚀现象的海岸地区以及经常发生飓风并引起风暴潮的地区。一些专门研究岸边建筑工程的工程师们认为，海边的侵蚀和水灾隐患计算标准同泛滥平原相似，都是以100年为周期，所有的建筑物都应该与海岸有一定的距离。

湿地

沼泽、盐滩、潮泥滩和红树滩看起来是了无意趣、毫无用处的地方，而事实上，如果把这些地方的水排出变成干地，然后建上房屋和旅馆，这里会变成令人向往的居住和旅游胜地。

在过去，湿地面积占美国总面积中的35万平方英里（90.65万平方公里）。1849年和1850年间，美国国会通过了《湿地法草案》，鼓励人们进行湿地排水,把看似无用的湿地变成农田。目前,全国只剩下15.5万平方英里(40.145万平方公里)湿地,比以前的一半还少。在现存的湿地面积中,大约90%是在内陆地区;其他10%位于最南端的沿海地区,其中包括红树滩。

《拉姆萨尔公约》

湿地流失现象不仅仅存在于美国,全世界范围内都面临着这一问题。早在1971年,各国在伊朗的拉姆萨尔为此召开国际会议,寻求保护湿地的措施。会议的结果是签署了《关于湿地重要性的拉姆萨尔国际公约》,规定对某些珍贵湿地场所进行保护,防止对其进行排水或开发。

131个国家在公约上签字,1 150个地点被列入拉姆萨尔公约保护名单,总面积为37.2平方英里(96.3万平方公里)。这个面积大于得克萨斯、路易斯安那和阿肯色三个州的面积总和,也大于德、法两国的面积之和。

美国的湿地保护

在美国,关于湿地保护与恢复的立法是1972年通过的《沿岸地区管理法案》,它是《沿岸地区管理与保护法案》的补充,对沿岸地区的发展做出了大致的规划。1977年美国总统吉米·卡特发出行政命令,把湿地保护作为联邦政府的一项政策。全国鱼类和野生生物保护部门对湿地进行定义,即介于旱地和水地之间的土地,那里的水分饱和程度是决定土壤和植物种类的关键因素,而且地下水面通常位于或接近地表。

湿地对野生动植物具有重要作用,这还是它们次要的用途。最重要的是,湿地可以减少水灾隐患,为含水层重新注入活力。

沼泽草地

位于佛罗里达州奥基乔比湖以南的沼泽草地是美国最著名的湿地,现在已减少至不足原始面积的1/2。过去,在雨季期间,整个地区会变成一条80英里(129公里)宽、1~2英尺(30~60厘米)深的河流,河水流动缓慢,从奥基乔比湖入海。到了冬季,水停止流动,这个地区又干涸成广阔的芦苇草原。芦苇很容易着火,而频发的火灾妨碍了低地的木本植物的生长。因此,这个地区总是维持着原有的状态,成为野生动植物的避风港。

然而,对于人类来说,这里却不是一个安全的居住地。1926年,飓风和暴雨侵袭了沼泽草地附近的区域,引起水灾。1928年,一场猛烈的飓风引起洪水,造成一千八百多人死亡。为了确保这类灾难不再发生,美国陆军工程师和南佛罗里达水域管理部门开始着手控制这一地区的水流量。

奥基乔比湖以北的凯斯密河全长100英里(160公里),蜿蜒曲折,形成曲流,河水最终流入奥基乔比湖。由于凯斯密河能对流经的河水进行过滤,所以当河水流入奥基乔比湖时,水已经变得相当清澈纯净。后来,为了控制洪水,人们将凯斯密河河道取直,使之变成50英里(80公里)长的运河。堤坝、水泵、运河以及溢洪道指引河水向指定的路线流动,为这一地区增加了可耕种农田的面积,将奥基乔比湖连接至海洋的运河同时也减少了水灾的隐患。

然而,这些变化也阻碍了季节性的泛洪,使地下水无法排放出去,导致淡水资源短缺。沿农田向北流的水中含有大量的植物养分,流经凯斯密运河的过程中,聚集了大量的污水。水流经埃弗格莱德国家公园,最后注入佛罗里达湾。20世纪80年代,奥基乔比湖里曾经有大量的水花;现在,候鸟不再到达这里,六十多种鸟类濒临灭绝。释放到佛罗里达湾的污水毒死了海草,而这些海草正是鱼类生存栖息之地。

目前,多数沼泽草地已经得到了保护并且逐渐恢复原貌。早在2001年,陆军工程师就着手转换土质,并把这一任务作为整个项目的一部分。据估计,这一任务大约要用30年时间,花费80亿美元,费用由联邦政府和佛罗里达州共同承担。在这期间,人们要填平多条运河,开辟湿地过滤水源,并且挖掘水井储水。

储水与防洪

包括密西西比河在内的很多大河的较低河段边缘都存在一些湿地,即使现在已经不见了,至少过去曾经有过。湿地吸收河流中溢出的水,因此保护了邻近地区免遭水灾。

在河流的旁边通常有一些地势低矮的田地,那里的地面总是十分潮湿,生长着芦苇、香蒲、灯心草和其他一些看似草却不是草的植物。某些小水塘的里面或周围也生长着一簇簇不同种类的植物。有时,这些地区变得干燥一些,可以放牧牛羊,也有充足的草供农民们做干草。这样的区域叫做草甸,在英国叫水草滩。如果这里的水深一些,持续的时间久一些,那么就成为沼泽湿地。

大雨过后或山上融雪时,河流水位往往会上升甚至溢出,淹没邻近的湿地。水可能在这里存留一段时间,直至河流水位降下,然后再缓慢地流入河中,或者只是在湿地上流动,使河流变宽,同时也减慢了水流的速度。在较远的下游处,水会重新排放到河流的主河道中。

设想一下湿地中的水被排干的情景。在干燥的季节里,河流水位较低时,人们为了降低地下水面,在地下安装排水设施将水转移到河流里面。然后,为了不让水回渗,将河岸封住。这时,河岸边的土地既可以耕种又可以建造房屋,人们也确实多次对这类地区进行开发。然而,若干年后,房屋下面的土地干枯萎缩,房屋的重量使土地下陷,地基就会断裂。同时,化粪池也会断裂,里面的污物泄漏到河流中,对水生动植物造成伤害,也污染了下游的人们灌溉所需的水源。

河流仍旧会发生周期性的上涨,然后决堤。而此时,再也没有一条湿地带来存水或控制水的运动了,取而代之的是耕种庄稼的农田和有人居住的房屋。河流泛滥后,河水淹没农田,冲进房屋,并肆无忌惮地涌向下游,引起下游水灾。过去,河岸边的土地也经常发生洪水,但是那时的洪水发生区域有限,并且不会造成损失。生长在河岸边的植物在湿地条件下生长繁茂,陆栖动物也会在洪水退去后回到这里。只有在湿地被排干、留作他用以后,洪水才会带来巨大损失。

沿岸湿地

如果将地势低矮的沿岸地区湿地排干,后果会更加严重。那里的湿地不仅可以在涨潮时吸收海水,而且还能吸收海浪的能量,降低风暴潮席卷内陆的可能性。

水由陆地进入海洋的过程大多是通过河流完成的，但也有一些是直接排放到沿岸陆地或通过小溪流进入的。悬浮在淡水中的土壤粒子和沙粒与咸水相遇混合后，开始沉积下来，形成沙坝和泥滩。沙坝和泥滩堆积到一定高度后，退潮时可以露出水面。水流经以后，逐渐在上面冲出河道，类似于有很多小河流过的低地。沙坝和泥滩对动植物保护也起到了重要作用。蚯蚓及其他无脊椎动物在里面挖出大量的洞穴，为涉禽提供食物。

盐碱滩

沙坝和泥滩的部分表面可能一直露出水面，只有在大潮中大浪冲击时才会没入水下。在这样的区域，植物开始生长起来。由于植物可以固定更多的沉积物，沙坝和泥滩的表面会逐渐变高，成为盐碱滩。生长在盐碱滩的植物既耐盐，也可以忍受淡水。退潮时，盐碱滩的某些部分变得非常干燥，人们甚至可以在上面行走，招致一些开发者进行开采利用。如果将它们保持自然状态而不进行人为破坏，它们可以为牲畜提供优良的牧草，为人们提供养殖贝类的最佳场所。

开垦盐碱滩的第一步通常是修筑海堤将其庇护起来。这样，它们就不会再被咸水冲刷，雨水会将土壤中的盐分逐渐冲走，土壤最终变得非常肥沃。事实上，盐碱滩的构造是非常复杂的。图54是某一盐碱滩的横切面。河道将高处切分，而河道最低处延伸至小潮的平均水位以下。潮水从两个方向涌入河道，大潮水位以上的高地的空处会存留一些水，水分不断蒸发，增加了剩余水的盐度，形成盐池。

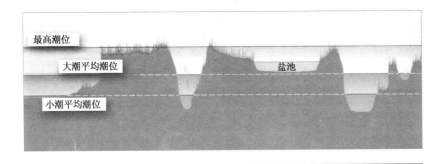

图 54　盐碱滩的横切面

　　盐碱滩的面积和它所供养的植被范围依当地条件而定。海岸的庇护物越多,这里的盐碱滩面积越大,但即使在无屏障的海岸,植物也有可能生长在最高潮水位处。海浪在通过沙土和植物时速度减慢,能量也随之丢失,因此只能以较小的力敲击盐碱滩后的陆地,保护附近的内陆地区及其建筑物。即使在内陆地区有海堤保护的情况下,盐碱滩的作用也不可小觑。盐碱滩能够对海堤起保护作用,减少海堤加固的次数以及维修的费用。

红树林沼泽

　　红树林沼泽相当于热带的盐碱滩。它们在有屏障的多泥沙海岸长势最好,尤其是在离岸沙岛和珊瑚礁后。高潮时,只有树冠露出水面,而一些低矮的枝叶可能一直浸在水中。

　　红树共有九十多种,都是宽叶常绿植物或远离咸水而长势欠佳的灌木丛。某些物种有着高跷式的根,使主茎远离水面;另一些物种有气囊,从地下的主根伸出水面,使氧气和二氧化碳可以在植物体内进出。红树比盐碱滩植物更加善于固定沉积物。在很多地方,随着沉积物的积累,水变浅,海岸线逐渐向海洋内部方向延伸。

同温带地区的盐碱滩和泥滩一样,红树林沼泽也遭受了被大量砍伐的厄运。红树木是极具价值的建筑材料,也可用作燃料;从红树林沼泽中开垦出来的土地可以变成肥沃的农田,尤其适于甘蔗的生长;位于有屏障海岸的红树林促进了旅游业的发展。此外,它们也成了战争的受害者。在越南战争期间,人们曾多次喷洒脱叶除草剂,造成很多红树死亡。

湿地无论以何种形式存在,无论是位于海岸还是河边,都会吸收大量的水。它们吸水的速度快,释放的速度慢,在河流和海洋水位下降的同时,每次只释放一点水。在湿地自然产生的地方,它们可以有效地预防洪水的发生。除去湿地也就除去了保护屏障,使开垦出来的土地变得脆弱,容易发生水灾。湿地也为多种野生生物提供了栖息地,包括一些适应恶劣条件的物种。它们可以生长在干湿交替的地方,也可以生长在淡水与咸水交替的沿岸湿地。湿地排干以后,它们的栖息地被破坏,动植物随之消失。因此,我们应该对现存湿地进行保护,并且在条件允许的情况下,对流失的湿地进行恢复。

河堤

当河水溢出时,水流在升至河岸以上时速度减慢。水流速度减慢的同时能量也被释放出去,因此削弱了携带土壤粒子的能力。最后,某些携带物沉积在河岸的顶层并在那里存留下来。洪水退去之后，河岸上的沉积物变干。如果沉积物是由黏土粒子构成的，那么它会变得坚硬牢固，河岸也就升高了一些。每次河流泛滥后都会有一层土壤沉积下来，使河岸不断升高。同时，沉积在河床的泥沙可能会使河流的水位上升，河水变浅，更容易发生洪水。但是，由于河岸的增高，阻止了洪水的发生。所以，整条河流包括河床与河岸，都在升高。最后，河流水位会高出两边陆地的高度。

这类河堤可以自然形成。很久以前生活在河边的人在屡屡遭受洪水的困扰后，意识到他们可以修筑类似的河堤应付水灾，这一点并不足为奇。在法老时代，埃及人在尼罗河左岸（西岸）修筑河堤，南起阿斯旺，北至地中海，总长600英里（965公里）。后来，阿拉伯工程师又在尼罗河右岸（东岸）修建了河堤。位于美索不达米亚境内的幼发拉底河与底格里斯河河段也修筑了河堤，中国的大河流域也如此。一些历史学家认为，人们在组织这样巨大工程的过程中，社会生活有了较大的发展。

路易斯安那与密西西比河

1718年左右，这类加高的河堤被命名为"levee"。这是一个法语词，表示"升高"之意。虽说这个词源于法语，但是这个名字是美国人命名的。现在的美国路易斯安那州当时是法国的一个殖民地。1718年，这里的统治者决定在密西西比河东岸修建一个城镇，因为这里有通向几条重要水路的通道。为了纪念摄政者奥尔良公爵，这个城镇被命名为拉诺维奥尔良。

尽管当时所选的城址是相对较高的地段，但是也存在大河泛滥而发生洪水的隐患，所以人们修建了河堤进行保护。河堤修建之初还比较短,但是随着城市的扩张,它也在不断延伸。到1735年,河堤已覆盖了新奥尔良上游的30英里(48公里)和下游的12英里(19公里)水域。后来,更多的农民沿河定居,河堤又被加长。这条堤是土堤,堤顶宽20英尺(6米),只有3英尺(90厘米)高。

不久以后,难题出现了。土地所有者们为了保护自己的田产,纷纷修筑河堤。但是,他们修建的河堤之间存在着空隙,各河堤无法相连,而且又不能完全得到维护和维修。同样的问题也出现在古代中国和任何一个修堤防洪的地区。一旦洪水流过或漫过某一处河堤,那么无论其他河堤多么坚固,下游的所有土地都会被淹没。

人们修建和维护河堤的过程中,社会生活变得更加组织有序。到了19世纪30年代,密西西比河沿岸已经建起了河堤区,拥有一定执法权力的检查者对这一地区进行定期检查。

美国陆军工程师也在密西西比河沿岸修建了一些河堤,初衷是改善航海条件。1849年和1850年连续暴发洪水,国会拨款修建河堤预防洪水。河堤越建越高,也越来越长。到20世纪60年代时,密西西比河沿岸河堤总长达到3 500英里(5 632公里),平均高度24英尺(7.3米)。

容易侵蚀的河堤

其他一些大河也纷纷修建了河堤。河堤修建的费用较高,而且它们提供的保护也不是很完善。河堤经常受到风雨的侵蚀,小动物在上面挖筑的洞穴也削弱了它的根基。每次维修都要临时雇佣上千人,尽管这样,河堤还是反复发生断裂事件。水从动物的洞穴或其他薄弱点漏出后,在另一端冒出水泡,逐渐形成裂缝,这就是河堤断裂的原因。

河堤断裂可能会带来毁灭性灾难。1998年夏天的季雨期间，中国广东省境内的长江河段河堤出现130英尺（40米）长的裂缝（见图55）。为了堵住缺口，军队和警察用炸药炸沉了8艘1 000吨（908公吨）级的轮船，但是缺口还是没有被堵住。大水袭击了位于广州市西

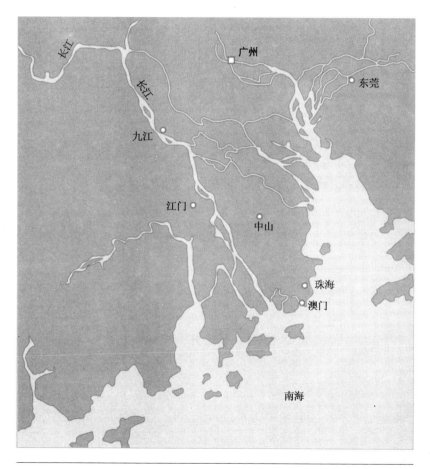

图55 中国九江周围地区
1998年九江上游的一处河堤发生断裂。

南方向的九江市，市区某些地方水深达6英尺（1.8米）。九江市区共有四百多万人，其中几千人在洪水中死亡。多数居民被迫离开家园，政府组织九江上游的33万人撤离。为了保护下游的几个重要工业城市，政府人为地炸毁了上游的某些河堤以减轻下游河堤的压力。

尽管河堤的失败会给人们带来可怕的后果，但它们也确实能够阻挡洪水，为人们提供可靠的保护。即使是在21世纪中，科学家对河流的规律有更深的了解之后，修筑河堤仍然不失为预防洪水的有效方式之一。

过去人们认为，河流中水流的速度是决定河流携带泥沙量的唯一因素。如果河流受到加固的河堤限制，那么当水量增大时，水流速度加快，并且自身还会冲出一条深深的河道。事实也确实如此。有时，人们为了清除河中过多的泥沙，便向河里释放大量的水。但是，河流也并不完全相同。尽管河堤是用来预防洪水发生的，但是在某种状况下，它还有可能因侵蚀而失去作用，增加河流下游发生洪水的可能性。

在某些河段，水流速度的加快并不能加深河道，反而侵蚀河岸。在另一些河段，包括密西西比河某些部分，本该在洪水过后沉积在河边陆地上的泥沙又被携带到下游并沉积在那里的河床上，使河流变浅。下游的沉积作用容易引发水灾。1881—1890年，密西西比河发生的6次大水灾都与此有关。河堤将河流圈住以后，在流量高峰期间，水位的上升幅度更大，因此更容易溢过河堤。所以，要想弥补这一不足，就必须把河堤建得更高。

水灾的发生也与运气有关，1927年密西西比河发生的灾难性水灾是厄运的结果。那一年，共有2.5万平方英里（6.475万平方公里）

的土地被淹,多处河堤断裂。当时的情形不同寻常。主河流的东支流流量通常在冬末春初,即1月至4月间达到最大值。自西汇入的密苏里河及其支流流量在6月份达到最大值。这样,密西西比河的两次流量高峰期就可以间隔一段时间。然而,1927年却是个例外。所有支流同时达到高峰,密西西比河及其河堤无法承受如此流量,最后决堤。

10年以后的1937年1、2月,俄亥俄河决堤,引发了这里有史以来的最大水灾。在伊利诺伊州的开罗镇,密西西比河水位比平时升高63英尺(19米)。水流回到小支流中,而那里并没有河堤保护。在这种情况下,虽然密西西比河河水的流量达到了每秒200万立方英尺(5.66万立方米),但是却没有决堤。这次,生活在密西西比河下游处的人们就比较幸运了。事实上,自1928年以来,密西西比河下游河谷再未发生严重决堤。

放大河堤的作用

现在,保护河堤的方法在某些方面增多了,让河堤远离河岸就是一种有效的方法。这样,人们就可以把洪水排放到河流周围的土地上,不会带来任何损失。同时,由于流水的部分动能被吸收,水对河堤的冲蚀也相应减轻。在路易斯安那州的巴吞鲁日,河堤之间的距离时近时远,少则小于1英里(1.6公里),多则达到15英里(24公里)。

阻止洪水最有效的方式是在洪水泛滥整个水系之前就将其排放。人们可以在河流与陆地上自然形成的凹坑之间挖一段水渠,由防洪闸门控制其流量(见图56)。当河流水量达到高峰时,将防洪闸门打开,部分水流入凹坑中。洪水警报结束后,再将这些水放回到河流中。

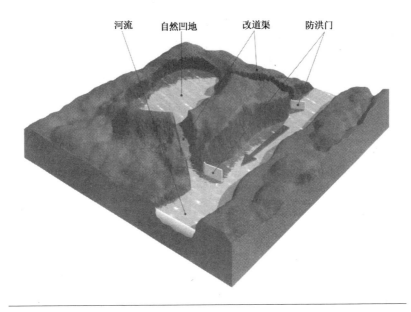

河流　　自然凹地　　改道渠　　防洪门

图56　将水流改道可以预防洪水。

　　显然这个方法是有一定局限性的。在河流的附近,我们可能找不到够大够深的凹地,或者即使找到了凹地,凹地中却建造了房屋。但是,只要能利用这种方法,通常都会成功。正是因为利用了这一捷径,伊拉克首都巴格达及其周围地区才没有受到幼发拉底河与底格里斯河洪水的影响。幼发拉底河与哈巴尼亚湖相连,而底格里斯河与塔塔尔凹地由一条41英里(66公里)的河渠连接起来。河坝通常也是以同样的方式来控制高峰流量的。

让河流流动更快一些

　　有时我们也可以通过增加河流的载水量来预防洪水。河流的载水量用水流的速度来衡量,而水流速度取决于河道的横切面积以及河床坡度的大小。将河道加宽加深可以增加它的载水量，而将河床坡度增加也是有效之举。

设想一下，某段河床的高度从海拔100英尺（30.5米）降至50英尺（15.25米），河流就会发生蜿蜒曲折，这部分的长度就可达到20英里（32公里）。也就是说，坡度每降下1英尺（或米），长度即增加2 100英尺（或米）。但是，如果挖出渠道将曲流连接起来，水就不用流这么远了。假设这些渠道可以使水流的路程减半，从20英里（32公里）减至10英里（16公里），那么河床的坡度就增加一倍，即长度每增加1 050英尺（或米），坡度降下1英尺（或米），水流速度加快。水流速度加快以后，每秒钟从河口排除的水量增多，洪水就可以得到预防。河流在流经较平坦的泛滥平原时发生曲流，而泛滥平原正是洪水最猖獗的地方。这种情况下，增加河床坡度就是非常有效的方法。另外，由于水流速度加快，河流下游的沉积物减少，淤沙冲积河口的速度随之减慢。

在河流形成曲流的地方，河渠通常呈宽宽的圆弧状，这样可以减少侵蚀，防止形成新的曲流。在海边开垦出来的低地附近，只要挖出笔直的河渠就可以了。20世纪30年代，密西西比河沿岸就修建了这类河渠。16条河渠减少了田纳西州的孟菲斯与路易斯安那州的巴吞鲁日之间的河流长度，共缩短了170英里（274公里）的距离。

千百年来，人们一直在以各种方式增加河岸的高度，阻止洪水的发生。世界上很多地区都独立发现了修筑堤坝来保护田地和建筑物的方法，并且大体上都是成功的。现在，科学家们对河流有了更多的了解，所以他们能够想出其他办法来代替河堤的作用。在河堤与其他防洪措施双管齐下的情况下，即使较大的河流也能够被驯服。

河坝

有史以来，人们一直在修筑河坝来控制河流的水流量。现在我们还可以看见大约公元前4000年古埃及人修建的河坝遗址。据说美索不达米亚人也修建过河坝，而古罗马人修建得更多。人们修建河坝的原因有几个：有些人用它来储水，以备干燥季节里灌溉和家用。有些人用它来挡水，河流水位升高时，它可以将水阻挡，当水位下降以后，可以逐渐释放。这样，河流的水量就得到了控制，河坝下游的水量就会长期保持稳定。此外，河坝还可以用来搜集沉积物，防止港口泥沙淤积，还有助于形成人工湖，方便船只运输货物。

在现代，当第一批工厂建成时，蒸汽动力还没有发明。最初的大机器都是由水车产生的水力带动运行的，所以人们修筑了更多的河坝来保证流水的供应。蒸汽代替水力以后，这些大坝就无用武之地了，所以很多就此废弃了。后来，人们将水车技术加以改进，制造出涡轮机。涡轮机有效利用流水产生的动能（参见补充信息栏：动能），比传统的水车效率高得多，而且还可以进行水力发电。在这种情况下，人们修筑了更多的大坝。直到今天，世界上仍有19%的电能是这样产生的。

某些河坝规模巨大

现代修建的很多河坝规模巨大。2001年，世界上一百五十多个国家中共有4.5万多条高于50英尺（15.25米）的大坝在运行，由大坝筑起的水库能够承载1 500立方英里（6 248立方公里）的水量。

有些堤坝远比50英尺（15.25米）高得多。

从技术角度来讲，50英尺（15.25米）高的河坝并不算庞大。坝高超过492英尺（150米）或能够挡水1 960万立方码（1 500万立方米）的大坝，以及能够形成1 200万英亩—英尺水库的大坝才算得上是规模宏大的。这些水足以将面积为1 200万英亩（490万公顷）的土地覆盖1英尺（30厘米）深，相当于3.91万亿加仑（14.802万亿升）的水量。

位于塔吉克斯坦巴赫什河上的罗干大坝于2003年竣工以后，成为了世界上最大的河坝。坝基至坝顶高1 099英尺（335米），年发电量3.6GW（36亿瓦）。阿根廷与巴拉圭交界处的巴拉那河亚西雷塔—阿皮普大坝1998年竣工，长43英里（69公里），年发电量是126亿瓦。位于幼发拉底河上土耳其境内的彼雷西克大坝的坝顶是1.56英里（2.5公里）长。

世界上修建的第一座巨型坝是科罗拉多河上的胡佛坝，它于1936年竣工，坝高726英尺（221米）。瑞典德朗斯邦尼兹河上的默弗森大坝是777英尺（237米）高，而意大利北部的维昂特大坝是860英尺（262米）高。此外，还有其他几座相对较高的大坝。位于墨西哥圣地亚哥河上的奥古米尔帕大坝高613英尺（187米），印度亚穆纳河上的拉克沃大坝高670英尺（204米）。

分段河流

坝的规模是衡量它的唯一指标。显然没有任何河谷可以容纳比自身高或宽的大坝，所以河谷的高和宽就限制了大坝的规模。但是，这种限制并不是绝对的。有时我们可以在某条河流的多个河段筑坝，两三座小河坝加起来的作用就相当于一座大坝了。

许多河流都有多座河坝，我们说这类河流是被"分段"了。美国的俄亥俄河、田纳西河、密苏里河、密西西比河上游以及哥伦比亚河都属于这个范畴。华盛顿州境内的哥伦比亚河共有12个大坝，始于美国与加拿大边界，一直达到太平洋沿岸，大约640英里（1 030公里）长。其中的格兰德古里大坝高550英尺（168米），长0.75英里（1.2公里），在控制河流水量和预防洪水方面起到重要作用。

大坝的修建

早期的河坝通常是由泥土、岩石或二者混合筑成的。修建规模较小的河坝也是一项浩大的工程，需要大量的材料，因此人们很自然地想到利用随处可见的泥土和石头。第一批河坝可能完全由黏土或其他细粒土壤构成，土壤粒子紧密结合在一起以后，水就不容易渗透。由单一材料筑成的大坝叫做"均质坝"。

1立方英尺水重62磅（1立方米重1 000千克），所以即使是小型水库也会对河坝施加巨大的压力。因此，坝身必须牢固坚实，坝基要比坝顶厚得多。因此，坝身的横切面应该呈三角形形状。坝身的坡度不应该太大，否则泥土或石头会陷到底部。另外，坡度还应该分散大坝的重量，防止坝下的地面下陷不均造成的大坝倒塌。河流上游处的坝身必须能够抵制波浪的冲击，下游处的坝身必须抵制住雨水的侵蚀。为了吸引波浪的能量，上游的大坝正面堆积起一堆大小不一的岩石，叫乱石层。当然，我们也可以用泥瓦、混凝土或沥青将其保护起来。

目前，泥土与石头还被广泛使用着，而钢筋、混凝土以及实心砌体也参与到了大坝的修建中。如图57所示，大坝的建造类型共有5

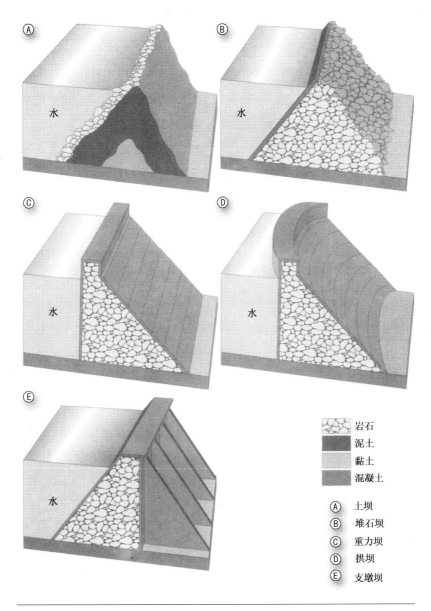

岩石
泥土
黏土
混凝土

Ⓐ 土坝
Ⓑ 堆石坝
Ⓒ 重力坝
Ⓓ 拱坝
Ⓔ 支墩坝

图 57　河坝的构造类型

种。选用哪一种构造，要根据当地的地形来决定。在图中，大坝的坡度被夸张了。事实上，坝基要比图中显示的宽得多。

土坝可能是均质坝，但它通常用不透水的黏土作核心层，用夯实土和乱石作外层以保护迎水面。土坝可以建筑在土质较软的地面上，因为它的坝基太宽，所以重量可以分散在较大的面积上。堆石坝比土坝更加坚实，但是它也更重，并且需要有非常稳固的地面作基础。顾名思义，堆石坝是由大小不一的松散岩石堆积而成，表面覆盖一层混凝土或沥青以保护迎水面。这层覆盖物必须是不透水的，这样才能防止水渗入坝内。

土坝、堆石坝的迎水面和下游面都是倾斜的，而重力坝却有所不同，它的迎水面是与地面垂直的。重力坝由岩石和混凝土块体构成，极其笨重。它是在重力作用下固定在某地的，因此而得名。由于坝基较宽，所以重量也被分散。尽管重力坝的设计看起来比较现代，而事实上西班牙早在16世纪就已建造出第一批，有两座至今还在使用。

拱坝是重力坝的一种变体。拱坝的坝身向迎水面方向呈拱形，将水的压力转移到两边，增加坝的力量。　胡佛大坝就属于拱坝。某些拱坝可能不只有一个拱。800英尺（244米）高的亚利桑那州弗德河的巴特莱特大坝就有10个拱。支墩坝的迎水面通常倾斜成45°角，而下游面是与地面垂直的。支墩支撑着下游面坝身的重量。

阻止河水溢出

人们为了阻挡河水而修筑了河坝。河坝修好以后，坝后的水就会累积起来，形成人工湖。湖中的水不断升高，水位将逐渐升至与这一水区顶端相同的高度。河坝不可能像河谷那样高，所以河水不会溢到人工湖两边的田地中去。这时，如果不把闸门打开放水，那么水迟早要溢过河坝。如果是土坝，河水会将坝顶构造冲走，最后整个大坝都会被冲毁。如果坝基不稳固，河水会从下面流过并不断冲击坝身，直至最后大坝倒塌。这种情况下，即使是由混凝土等坚固物质筑起的大坝也要有步骤地排放多余水量。

因此，所有大坝都在中心或两边安装了溢流管或溢水口用来排水。对流经大坝的水量加以调整后，坝后的水位可以保持较低，波浪也不会冲击坝顶了。波峰与水位最大值之间的距离叫做"出水高度"。如果河坝用于发电，那么坝内会有管道通过，管内的水从高处落到低处，经过涡轮机后，释放到下游面。

田纳西河流域开发管理局

不管人们修建大坝的最初目的是什么，它确实对预防洪水起到了重要作用。世界上最著名的建坝控水工程当属1933年由田纳西河流域开发管理局（TVA）发起的项目了。它的特殊性在于将众多政府部门的项目整合到一起，惠及一个水系将近4.1万平方英里（10.619万平方公里）的排水流域。这个项目主要在田纳西州进行，其影响辐射到肯塔基州、弗吉尼亚州、北卡罗来纳州、佐治亚州、阿拉巴马州和密西西比州。这一项目的主要目标是控制田纳西河及其支流的洪水、改善航海条件以及发电。它的成功引发了世界各国的关注和赞赏。

1957年2月，田纳西河涨水。当时，如果不是因为水库将多余的水截留，查塔努加地区就会被大水淹没。如果没有水库，水位可能会升至54英尺（16.5米），但这次只升到32英尺（9.75米）。一年以后，即1958年5月，田纳西河流域开发管理局修建的水库又挽救了伊利诺伊州的凯罗河，使它免遭洪水侵袭。1944年以来，密苏里河上共修建了6座河坝。河坝与河堤共同发挥作用，保护着农田和城镇，预防洪水的发生。另外，这里还修建了水电厂，发电量足以满足内布拉斯加的需求。105个水库形成了1000英里（1600公里）长的水库链，总容量达22.2立方英里（92.4立方千米）或7500万英−亩英尺。

河坝倒塌的后果

河坝已经多次成功地预防和阻挡了洪水，这是一个无可争辩的事实。但是，它也有失灵的时候，而且一旦失灵，将会给下游带来灾难性的洪水。虽然这种情况比较罕见，但是也确实发生过。西班牙瓜达兰廷河的普德斯大坝是一座重力坝，于1791年竣工。11年后的1802年，异常猛烈的暴雨给水库带来过多雨水，大坝无法承重，引发水灾。

1926年竣工的加利福尼亚州的圣弗朗斯大坝也是一座重力坝。由于地基不稳固，它在竣工2年以后倒塌。混凝土质的大坝需要坚固的地基，通常是建在没有被侵蚀或因风化而发生断裂的岩石层上。澳大利亚的基瓦河上曾经修建过一座小型支墩坝。后来，在风化作用下，一些支墩发生渗漏，难以修补。1959年11月，法国南部雷兰河的马尔帕撒特拱坝发生倒塌，究其原因，原来是地基下面发生断层引起的。

西班牙的蒙特雅克斯大坝也是一座拱坝，它被彻底废弃的原因并不是因为出现断裂，而是因为周围的石灰岩出现洞窟。大坝建好、水库蓄水以后，人们发现水从洞窟中渗入，所以想方设法将其封住。但是，实践证明，他们无法让水库密不透水，只能将它废弃。田纳西河上的肯塔基大坝也面临着同样的问题。不同的是，这里的洞窟人们用干草、沥青和水泥堵住了，只是代价太高昂了。

1976年6月5日，美国爱达荷州斯内克河谷的德顿大坝倒塌。这是一座土坝，高305英尺（93米），长0.5英里（0.8公里）。当水库蓄水量达到1 090亿立方英尺（30亿立方米），即额定蓄水量的97%时，大坝倒塌。洪水漫延到25平方英里（64.75平方公里）的土地，造成3万人无家可归。维昂特大坝并未倒塌，但是由于山体滑坡引起的河水溢出同样造成多人死亡。

河坝带来的地震隐患

有时，新建的大型水库可能会引发地震。工程师和设计师在规划河坝的过程中，必须将这一因素考虑在内。1962年中国新丰江水电站发生的里氏6.2级地震、印度马哈拉斯特拉邦科纳的6.7级地震以及澳大利亚发生的几起地震都与水库的修建有关。

这种现象后来被称作"水库诱发地震"（RIS），但这个术语有些误导作用。水库并不会直接诱发地震。水渗入水库下的土壤中或水库的重量压缩了下面的土壤后，土壤粒子的孔隙中水压增加，岩石断裂或移动的可能性增大。另外，水库的重量也会改变周围岩石的压力，这也增加了岩石移动的可能性。一旦发生地震，河坝坍塌，河流下游就会发生灾难性的水灾。

在现实之中，河坝往往建在易发生地震的地方。表面土壤和岩石侵蚀速度快的地方往往会形成河谷。从地质学角度来讲,这是因为岩石上升,河谷以下的岩石层出现了断层。

水库诱发地震的危险性也会很快减弱。如果水库要以地震的形式将储存的能量释放出去,那么这在水库蓄满水的时候就会发生。如果水渗透到水库下土壤中的速度较慢,那么会延迟几年发生地震。岩石中的压力一旦释放出去,大坝就不会引起地震了。当然这并不意味这里不会再发生其他地震,而是说如果再发生地震,那么绝对不是由大坝和水库引起的。水库引发地震的危险性不应被夸大,因为它只存在于某些坝址。此外,人们还可以通过地质研究进行识别和测量,修筑能够承受地震的大坝。

河流下游会发生什么?

多数大河都会经历水量方面的剧烈季节性变化。雨季或融雪都会增加河流的流量。雪全部融化以后,干燥季节的来临使水量减少。河坝对水流起到了规划作用,所以水流全年保持稳定。但是,河坝的下游却有所改变。

过去,科罗拉多河沿岸的季节性水灾将沙石沉积在河岸,形成沙滩。但是,修建格兰古大坝以后,河水流速变慢,致使沙石沿河床沉积。野生动植物的栖息场所发生了改变。后来,科学家意识到这些栖息场所需要周期性的洪水来维持,所以他们尝试恢复春季洪水。1995年3月26日—4月2日,大坝释放出的水以最快的速度流经大峡谷。当水流的速度恢复正常时,人们发现这一带又出现55个沙滩,而已有沙滩中的75%都增大了。岸边植被冲走,沼泽和滞水焕发生机,很多物种的栖息场所得到改善。洪水也对某些物种的栖息地造成轻微伤害,但整体来看还是一个巨大成功。之后,科学家开始着手改善其他可能受益的河流。

哥伦比亚河是科学家的首选,下一个要治理的是北卡罗来纳州的特里尼蒂河。这里于1963年修建了拦河坝,从此水流速度减慢,植被渐渐远离河岸。乌龟、青蛙、昆虫以及鱼类的栖息地减少,鲑鱼产卵的砾石河床也被泥沙覆盖了。1991年以来,这里也开始进行人工放水,每年都有几天洪水期,水自大坝迅速释放。其他河流也先后采取了类似措施。这一措施在取得成功的同时,它的可行性也遭到了质疑,尤其是对于缺水的西部地区来说。

河坝在预防洪水方面确实取得了成功,但是也引起过一些问题。它曾经破坏野生生物的栖息地,改变河流下游泥沙沉积的模式,偶尔发生的倒塌事件也给人们带来巨大损失。而且,新建的大坝与地震之间又有着实实在在的联系。现在的科学家和工程师对于河流载水的方式有了更多的了解,能够找到合适的新坝址,并且知道了如何对野生生物进行保护。所以说,修建河坝的风险减少了,而它带来的利益却丝毫没有减少。

运河化工程

河流发生水灾的原因主要是它们有时容纳不下流经的水量。解决这个问题的一种途径是重建河流,改变河道。修筑河堤可以增高河岸,是重建河流的一种形式,但是这个工程要延伸很远。将河流加宽加深、除去弯道、夷平河床以及增加河床倾斜度都是解决问题的途径。对河流进行的这样大规模工程叫做"运河化工程"。

大规模的运河可以将两个邻近的排水盆地连接起来,使两者之间的水相互流动。运河化工程最雄心勃勃的项目之一就是使西伯利亚的两条河流改道的计划。这样,河水不再向北流入北冰洋,而是向南流入中亚地区的克孜勒库姆沙漠,灌溉那里的农田。后来,这一计划被废止了。若干年后,人们发现流入咸海的多条河流改道后,过多的水被用于棉花和水稻灌溉,结果造成咸海几近干涸。苏联科学家曾经建议改道鄂毕河以恢复咸海水量,但是这个计划后来也作废了。

美国同样也有这样雄心勃勃的工程项目。1928年的飓风洪水之后,佛罗里达州南部的凯斯密河被运河化。1939—1943年,美国与墨西哥边界的里奥格兰德河106英里(170公里)长的河段也被运河化。其他国家也正在开发或筹划相似的项目。

琼莱运河

世界上最大的运河化工程之一是苏丹的琼莱运河。它是由苏丹和埃及两国合作建成的,因为两国都可以从中获利。工程始于1980年,但1983年因苏丹内战而被迫停止。据报道,一颗导弹击中并毁坏了用于挖掘琼莱运河的钻机。最初计划的运河总长是224英里(360公里),而到那时为止,已经挖了161英里(260公里)。琼莱是这个地区一个小村庄的名字,运河最初就发源于那里。现在的运河起始于博尔,但是琼莱这个名字一直沿用至今。

目前,白尼罗河一半多的水在通过苏德沼泽时蒸发掉了。苏德沼泽是苏丹南部的复杂地形网,由湖泊、沼泽地和小河流构成。琼莱运河建成以后,流经白尼罗河的25%的水将改道,绕过苏德沼泽。水将被储存在水库中,以备灌溉之需。这次改道还会将一块永久处于水下的土地排干,为牛羊饲养提供了方便。每年,运河将为埃及和苏丹两国提供约0.9立方英里(3.8立方公里)的灌溉水。

此外,第二条运河的修建也列入到了计划当中。它将使灌溉水量加倍,总数相当于目前苏德沼泽蒸发掉的水量。通过规划河流的流量,这一计划也减少了20%的草地面积。这些草地由于地势低矮,每年都要遭受水灾,有时损失相当严重。20世纪60年代,由于草地长期浸于水下,很多牛羊死亡。若干年来,这里已有将近660万动物死亡。

当雨季来临、草地浸入水下时,当地的农民就在高地上种植庄稼。在干燥的季节里,他们又把动物放牧到草地上。因此,洪水的定期发生关系到这一地区200万人的当前生计问题。但是,现代化的灌溉和排水技术应该让他们的农业也现代化。同所有类似的计划一样,琼莱运河工程也遭到了非议,它的长期影响还不确定。

变河流为运河

将河流运河化要改变河流的一些特征。运河同河流相似,但它是由工程师们人为地修建在没有河流自然流过的地方,因此水是静止的。一条自然河流人为改变得越多,它就越接近运河。如果修建河堤算作是运河化的一种,那么世界上的多条大河流都被运河化了,至少在某些河段如此。在将来,会有更多的河流发生改变。洪水通常会消失,因为人们可以通过运河将它改道至需要的地方。这一点可以在琼莱运河工程中得到证明。河流中切分出来的河渠可以将河水运至农田,用来灌溉。

运河化是一种很有效的手段。如果精确地计算了河渠的长短和路线,那么可能发生的洪水会改道到别处。英格兰东部的两条河渠相距0.5英里(0.8公里),全长19英里(30公里),穿过一片低地后流入大海。这两条河渠是两个世纪以前修建的,它们所排放的水已经将5万英亩(2.02万公顷)沼泽地变为肥沃的良田。在英格兰和威尔士,人们为了阻止洪水的发生,已经修建了2.5万英里(4.02万公里)长的运河。

运河对野生生物的影响

以运河化的方式对河流加以改变的同时,也产生了一些负面影响,尤其是对于野生生物来说。北半球的很多河流过去都是沼泽和树林环绕的,这样的生态环境有利于很多动植物的生长。而现在,沼泽干涸了,河边树林消失了,动植物的天然环境被破坏了。就拿水獭来说,它们习惯于在河岸的洞窟中休息和繁殖,而这些洞窟通常是存在于大树的根之间的。许多树木被砍伐以后,在河流处于高水位时,树木根周围的土壤被河水冲刷,最终落到河水中。如果环境没有发生改变,水獭不会受到多大影响,因为河边总有足够的树,它们的栖息之所能够得到保障。但是,它们的栖息场所现在减少了,尽管一些环保组织正在努力改善河岸的生态环境。

河边的树木可以为河水遮阴,树叶脱落以后会落入河水里。没有了树木,水生动物的食物来源减少了,河水温度也会变得更加极端。如果河床被夷平,野生生物会直接受到影响。在自然河流中,某些地方比其他地方更深,因此河里就有多种生态环境,适合不同物种的生存。对河流进行施工往往会破坏这种差异性,河床环境变得单一。

目前,人们在挖运河之前往往进行周密的计划,这样可以将对野生生物造成的伤害降到最低。事实上,过度的运河化带来的影响不仅仅体现在野生生物上,甚至会将洪水隐患转嫁到河流下游。

将洪水转嫁到别处

如果在河流容易发生水灾的区域修建了运河,水流速度就会加快,水不会溢出河岸。在河流流量达到最大时,水会从修建了运河的区域涌入到无水渠保护的下游,使那里的流量猛增。过去容易发生水灾的地方现在安全了,但是过去安全的下游处现在可能成为洪水高发地。此外,水流速度的加快也会引起下游河岸的严重侵蚀。

修建运河后,本来多水的河流也可能缺水。如果水流速度的加快增加了河流周围土地排水的速度,地下水面降低,就可能出现这种情况。这时,我们必须要安装阻水闸,控制流入渠化河段的水量。因此,虽说渠化河流可以降低水灾隐患,但是要治理河流的水量也存在一定的风险。工程师们对河流进行治理之前必须进行周密的计划,否则会出现严重问题。

水灾的预测

河堤、河坝的修建以及河流和湿地的治理工程已经较好地保护了家园和田地,减少了水灾的损失。但是,实践证明,迄今为止人们若想完全预防洪水的发生，还是不现实的。洪水发生的频率比以前减少了，但是仍旧在发生，而且破坏性决不逊于过去。尽管我们目前还没有办法彻底保障财产的安全，但是我们已经极大地降低了人身损失。现在，很多人能够在洪水到来之前安全逃生，这多亏了预先的警报和周密的紧急救援措施。

现在的天气监测与预报可以相当准确地预测出未来几天的天气状况。卫星对整个星球进行观测并发送回一连串的图片和测量数据，天文学家以此观测天气的发展和变化。他们可以观测到飓风和台风，对其进行跟踪并预测，结果比较贴近。因此，一些人认为，只要有特大暴雨发生，就对河流或海岸附近低地处的人发出警报，这样就不会有太大问题了。然而，事实并非如此简单，预测洪水可不是件容易事。

首先，产生暴雨的云并不是单独出现的，而是同其他云混在一起的。任何一朵云都可能产生暴雨，但只有一小部分真正产生了，而且这个始作俑者隐藏较深，很难辨认。即使我们辨认出它会降下暴雨，也不能断定这里就会发生洪水。这要取决于暴雨降落在哪里。如果降在平地上，它可能会排放出去，不会引起任何问题；如果降在山坡上，水排放到窄窄的山谷中，这时有可能发生洪水。如果我们说辨认降下暴雨的云是件难事，那么要想确切计算出它把雨水释放在哪里，可就难上加难了。

预防始于天气预报

预防洪水必须首先从天气预报开始。美国国家气象中心的气象学家利用卫星图片和数据以及气象站的定时报告，对全世界范围内的天气系统进行跟踪。当他们认为某一天气系统将要产生大量降水并引发洪水时,他们会通知相关的河流水情预报中心。

美国共有13个河流水情预报中心,每个中心都负责大面积的流域和几个排水盆地。各中心的科学家在接到有关降水量的预报以后,开始着手计算本地区发生洪水的可能性。然后,他们将数据信息送往各州及当地天气预报部门。那里的相关负责人将这些数据同国家气象中心送来的数据综合起来。多数国家都有一套类似的体系进行洪水的预测与预防。

水文学家是研究水在地下及地面运动状况的科学家,他们负责把天气预报的信息同这一地区的自然状况联系起来。他们的研究一部分是与历史记录相关的。很多人经常测量自家附近的降水量,然后把所做的记录送到国家天文局。测量降水量并不是件难事,但是要想把自己的测量结果记载到官方天文记录中,就必须使用标准的仪器,进行精密的测量。自制的测雨计测量的结果只能供自己参考使用,但是不能载入官方记录。

有关降水量的可靠记录同关于洪水的记录一样保持了若干年。科学家们把现在的降水量与持续时间同历史记录做出对比以后,对可能引发洪水的天气类型做出粗略的估计。

水文观测站

关于河流水位的记录并不能追溯到多年以前,但是目前水文学家正在对这些重要数据进行整理。这一任务要在河流沿岸的水位观测站中进行。水文站通常有一个小建筑物,里面的闸室通过地下管道与河岸边的钻井相连。水流进闸室后,上升至与河流水位相同的高度。波浪与激流并不会对这个高度产生影响，因此人们可以轻易并且准确地读出上面的数字，微小的变化也可以轻易察觉。这种技术的应用原理同尼罗河水位测量仪相同。尼罗河水位测量仪是用来监测尼罗河水位的仪器，几个世纪以前就已出现。这类仪器也可以为人们提供有关地下水位高度的信息。

自动仪器对河流水位与地下水位进行规律性的监测。在过去，结果通常是每隔15分钟记录一次，由一卷纸上打出的孔显示出来。现代化的观测站可以将数据直接传输到中心，这些数据可以将水位和地下水位最细微的变化显示出来。

暴雨径流和基本径流

如果我们将若干年内的河流水位和地下水位的记录搜集起来，同降水量的有关信息综合起来，就可以计算出土壤湿度不同的条件下排水盆地中的水流入河流所需的时间。这里我们要提到两种流：暴雨径流和底部径流。暴雨径流是直接流过地表的水流，显然它会首先到达河流中。底部径流是通过土壤向下渗透，成为地下水的水流。这对于我们计算到达峰值的时间有一定价值。到达峰值的时间是指从暴雨开始到河流水位达到最高值这一过程所需的时间。一旦我们得到某些排水盆地这方面的数据，我们就可以把它应用到土质相似的其他排水盆地中，因为那里可能没有精密的仪器来测量。

即便是这样，我们还是不能得到足够的数据预测周期长的洪水（比如说周期50年、100年或更长的）。由于我们没有长期的记录，就只能用模型得出的数据进行预测了。

河流建模

一些水流模型装置是实体模拟。人们要建造小型的山和河流，然后在它们的上面和里面降水，观察洪水发生的条件。在人们修筑洪水防御工事之前，也用它来进行测试。小型坝模型、溢洪道模型和河堤模型可以在水量不同、流速不同的情况下进行测试。在真实的河流中，人们用对野生生物无害的有色燃料来跟踪水流的方向和速度。

计算机模型装置也得到了应用。它们通过一长串的打印输出数据构成的图片来显示结果。尽管这种装置应用的是图片，但它们也是完全数字化和高度复杂的。地下水面的高度、地下水面之上的土壤中的水汽含量、土壤和地下岩石的特点、地下水流动的速度、降水量、河流的容量以及其他诸多因素都要被输入到计算机中去，并通过一系列的等式彼此联系起来。数据输入以后，装置首先要测试以后是否还会重新出现类似的情况。一旦出现错误，可以及时纠正，这样装置就可以精确地描述出真实状况。只要对某些输入数据加以修改，我们就可以看到不同条件下模型装置发生的反应。

实体模型只局限于当前的现实世界，而计算机模型可以给科学家更多的自由空间。如果分别输入现实世界中发生洪水和未发生洪水时的天气状况，计算机模型装置就可以做出准确的预测。另外，还可以将假设条件加以修改，比如延长降雨时间或增加降雨强度，然后得知什么条件下可能爆发比较罕见的洪水。当然，这些只是计算的数据，并不代表现实世界中真的发生了这样的水灾。但是，如果现实世界中出现了以上的条件，计算机模型得出的数据就是对人们发出的警报,告知我们即将来临的水灾规模有多大。

一个排水盆地水流状况的模型装置数据建好以后,可以随时更新。装置要把河流从盆地中排水的速度计算在内。科学家们输入真实的降水量和分布状况以后,装置就会给出有关位置和水流速度的数据。至于数据是否真实,可以拿到现实世界中去检验,必要时对装置做出相应的修改和调整。

警告公众

任何可能遭受洪水影响的人都应该预先得到通知,其中一些人还应该知道更多的信息。农民不仅要知道他们的农田是否会被水淹,而且还要知道可能被水淹多长时间。紧急救援部门需要知道即将来临的洪水的大致深度,然后才能判断他们是否需要船只来进行救援。如果需要,那么需要何种船只? 如果需要为撤离的人提供临时住所,那么需要住多久? 这类信息也可以通过模型装置计算出来。

在沿海一带,洪水的隐患不仅来自海洋,也源于河流。风暴潮与涌潮比河流决堤更容易预测,因为前两者不涉及地下水的运动。有了卫星传回的图片和数据,人们可以在风暴穿过海洋的时候就密切关注和监视它,天气预报人员也可以在它穿过海岸之前测定它的强度。他们能够判断风暴产生的波浪大小,也能把它到达时的状况同潮汐联系起来。

预测海啸

海啸也可以提前预测出来。多数海啸是由于洋底地震引起的,少数强度较小的是由海床火山喷发和沉积物下滑引起的。世界各地的地震测站可以在几分钟之内探测出地震产生的震波,然后将信息传输到阿拉斯加海啸预报中心、夏威夷的太平洋海啸预报中心、俄罗斯库页岛的海啸预报中心及太平洋沿岸其他主要中心。预报中心的科学家接到数据以后立即着手进行处理,预测海啸发生的时间、地点和强度。

目前的测洪技术还不够完善,但是要想让洪水警报得到应有的重视,这一点还是容易做到的。洪水无一例外会造成损失,而且有时引起人员伤亡。有了测洪技术以后,伤亡人数减少了,财产损失也相应降低。

安全逃生

居住在河边和海边的人容易遭遇洪水,所以你应该知道自家房屋与海面和河面之间的相对高度,以及那里是否曾经发生过洪水。如果你居住在城市,不用测量就可以知道它的海拔,即市中心高于海平面的高度。但是,你需要估测出你家高于还是低于市中心。如果有一条河流流经你所在的城市,你可以用等高线地图计算出你家与河流之间的垂直距离。如果你居住在乡村,也可以通过等高线地图计算出你家房屋的高度。

邻近地区的历史记录也是对你有用的参考资源。如果你家多年以来居住在同一个地方,你会知道那里是否曾经发生过水灾;如果你最近刚搬来,你可以查阅当地图书馆和报纸中的有关记录,或咨询附近的国家气象局的分支机构,那里的工作人员会告诉你关于洪水的信息。当地的国家气象局工作人员、美国红十字会分支机构的工作人员、本地区的紧急营救部门以及民防机构人员都能给你提供相关信息，告知你本地区将会出现什么样的天气紧急状况以及如何采取措施应对。在突发的紧急状况下，你几乎没有多少时间逃离，所以必须提前知道怎样应付。

做好准备

灾难发生前，你可能要被迫离开家园。这时，你要同家人逃到安全的高地处，并约好相遇的地点，以免冲散。而且，要事先同紧急区以外的某个朋友或亲戚安排好联系方式。一旦冲散，可以电话联系，他会随时跟踪每个人的去向。确保小孩子也知道怎样拨打电话，怎样呼叫911，并且清楚地说出自己的名字和家庭住址。如果你预先得到紧急警报，你应该写下联系方式并确保每个人都有一份。最后，你要教会大家如何关闭水电和煤气。

食物和其他供应

洪水所到之处，会污染任何暴露在外的食物。所以，你应该准备足够每个人维持3天的罐装食品和一个开罐头器。你的紧急物品中还应该包括一台手提收音机、一个手电筒及足够的备用电池、一串车钥匙、现金或信用卡、一个急救用具箱以及任何婴儿和有特殊需要的人可能用到的物品。

把这些物品装到结实的包裹中，可以迅速拿起带走。为每个人准备一双胶皮靴子。当你接到警报以后，再加上一个睡袋或毯子以及每个人一套的换洗衣服。

当警报来临时

灾难来临以前,国家气象局会连续不断地发出当地的预报和警报。警报发出以后,你很有可能是通过收音机听到或在电视之中看到的。你可以购买一部天气收音机,既可用电,也可用电池的。当警报被播报时,它会自动发出警铃。无论你是使用天气收音机还是普通收音机或电视,在接到警报以后,你都不要关闭。你要密切关注当时的形势。你首先得到的消息可能是关于洪水或暴洪的预报。这意味着你所在的地区可能在几小时内发生洪水或暴洪。这时,你要检查一下你的紧急储备物,看看是否漏掉什么。如果你家里停电,那么加油站的油泵也不见得会正常运作,所以你要提前确保你的车加满了油。另外,你还要提前在干净的容器中装满水以备后用。每个人需要3加仑(11.5升)水。接到预报后,马上离开。如果你想驾车逃离,可以将这些储备物都装到车上。

接下来,你可能会听到城市和溪流水情报告。这意味着溪水和河水已经开始外溢,地势低矮的地区,包括地下过街通道和某些街道已被水淹。这时的形势不算严峻,但是你应该绕过那些受淹的路段。如果你家有小孩,要知道他们在哪里,决不能让他们在室外玩耍,以防被洪水冲走。

或者你听到的是洪水警报,这表示大规模的洪水已经开始或蓄势待发。如果你此时所处位置是低地,就立刻逃到高地上去。稍有耽搁,洪水就可能切断你的逃生路线。如果广播中建议你撤离家园,带着你的紧急储备物赶紧离开。

如果你听到的是暴洪警报,危险就近在眼前。你所在的位置不一定下雨，但是不要被这个假象所蒙蔽。附近的山坡上可能已经开始下起大雨，甚至是暴雨，水正在向你的方向涌来。暴洪前进时就像一堵泥墙，里面充满了泥土、树木、岩石和其他碎片。洪峰最高时可达到20英尺（6米），速度与火车不相上下。如果你此时身处低地，立刻逃到高地处。不要再耽搁了，你也许只剩下几秒钟时间了。

风暴潮和海啸

风暴潮也会突然之间穿过海岸，将水带到内陆，切断逃生路线。风暴和飓风警报同时也警示人们可能出现风暴潮。这时你要听从指挥。如果有人建议你撤离，你要立即配合。

海啸并不常见。一旦海啸即将来临，海边的人会接到海啸警报。要像重视暴洪警报一样重视它。立即离开，逃往内陆。如果没有听到收音机或政府官员的安全判断，不要企图返回家。

户外安全逃生之道

如果洪水发生时你在户外，牢记一点：逃生的关键是远离洪水。到你所能看见的最高地方去。不要尝试步行或驾车穿过洪水。如果水已经漫过了你的脚踝，返回并寻找另一条路线。这里的路面浸于水下，很可能已被冲毁，水可能比看起来还要深。稍一失足，就可能跌到。在人们还没来得及得到救援以前，可能就被冲走了。

如果你的车在水中熄火了，不要试图重新启动。把它停在那里，然后赶紧步行到高处去。水还没升到太高时，车就可能浮起来，然后失去控制。所以，如果你等到车浮起来时再逃生，你会发现为时已晚。在夜间要格外小心。夜间大雨中的可见度降低，你很难看清路上的斜坡和坑洞。

不要在河流附近或溪流、旱谷、干河床边上搭建帐篷以及停靠活动房，尤其是当天空乌云密布时。暴雨可以在几秒钟之内让干河床激流滚滚。选择露营地时，还要考虑一点：大雨可能会引发山体滑坡和泥石流。所以，尽量避免在坡度较大的山脚下露营。

如果你听说洪水即将来临但是不会直接受它影响，你只要远离受灾区就可以了。你可能想到有亲戚或朋友需要帮助，但那时紧急救援部门可能已经到达那里了。他们受过专业训练，拥有精良的装备，可以提供任何所需的帮助。如果你赶去了，可能只会成为他们的障碍或累赘。如果需要募捐食品、被褥或其他物资，他们会在广播中发出呼吁并告知你捐赠处的地址，你只要到那里去就可以了。

洪水退去以后

洪水退去以后，被困楼上的你可以下楼了。如果你已被迫撤离家园，有人会通知你何时可以安全返家。

洪水很脏。它把泥土和碎片冲得到处都是，而且可能受到未经处理的污水的污染。如果洪水冲进你家，一定会留下乱糟糟的一堆污物，你也可以由此看出洪水当时到底升高到哪个高度。

毁掉所有接触到洪水的食物，这些食物是不能吃的。冰箱的门应该是防水的，所以如果你只离开了一两天，里面的某些食物还可以食用。如果冰箱中曾经进过水，那么你打开冰箱门时便会一目了然。这时你要扔掉所有食物，包括水未触及的食物。

在自来水没有煮沸以前，不能饮用，也不能用它来做饭。如果你是从水井中取水的，要先将污水泵出。水井重新蓄水以后，要对水质进行测试,看看是否有细菌或其他污染物。在没有确保安全之前,不要饮用。如果你自己不知道怎样测试水的安全度,可以向当地的卫生部门咨询。

在所有电线彻底干透并做了安全检测之后,你才可以打开电源、使用电器。在重新连接煤气管道之前,要检查是否出现断裂。进入建筑物时,不要使用明火来照明。里面可能有易燃气体,遇火便会爆炸。如果发现电线和电话线有损害的地方,记录下来,然后向相关部门报告。

如果你需要医疗帮助,到最近的医院去。如果需要急救设备、食品、衣物和住处,请与红十字会取得联系。

如果你听从官方的警告并依此采取行动,最终会安全逃生。但是,你要时刻警惕水灾的危害。暴雨同雷暴是密切相连的。如果你听到远处山坡传来的雷声,打开收音机。洪水可能正在酝酿之中。如果你生活在河边,大雨过后,要观察河流的水位。一旦发现水位上升,及时做好逃生准备。

如果附近的海岸要发生海啸,广播中会发出警报。听到警报以后,观察大海,看看是否有哪个波浪比它前面的波浪升高3英尺(90厘米)以上。如果有,并且水位连续几分钟居高不下,而且海浪退去时又比以前退得远,那么海啸可能很快到来。立刻离开,到远离海岸的高地去。

恶劣的天气所造成的所有灾难中,属洪水最为危险,破坏性最强。它们往往会造成人身伤亡。但是,如果有了充分的准备和及时的预报,人们安全逃生的机会还是比较大的。我们不可能阻止洪水破坏财产和家园,但是也没有必要让它夺去生命。

附录

国际单位及单位转算

	单位名称	位量的名称	单位符号	转换关系
基本单位	米	长度	m	1米=3.280 8英尺
	千克(公斤)	质量	kg	1千克=2.205磅
	秒	时间	s	
	安培	电流	A	
	开尔文	热力学温度	K	1K=1℃=1.8℉
	坎德拉	发光强度	cd	
	摩尔	物质的量	mol	
辅助单位	弧度	平面角	rad	$\pi/2$rad=90°
	球面度	立体角	sr	
	库仑	电荷量	C	
	立方米	体积	m^3	1米^3=1.308码^3
	法拉	电容	F	
	亨利	电感	H	

	单位名称	位量的名称	单位符号	转换关系
辅助单位	赫兹	频率	Hz	
	焦耳	能量	J	1焦耳=0.238 9卡路里
	千克每立方米	密度	$kg \cdot m^{-3}$	1千克/立方米=0.062 4磅/立方英尺
	流明	光通量	lm	
	勒克斯	光照度	lx	
	米每秒	速度	$m \cdot s^{-1}$	1米每秒=3.281英尺每秒
	米每二次方秒	加速度	$m \cdot s^{-2}$	
	摩尔每立方米	浓度	$mol \cdot m^{-3}$	
	牛顿	力	N	1牛顿=7.218磅力
导出单位	欧姆	电阻	Ω	
	帕斯卡	气压	Pa	1帕=0.145磅/平方英寸
	弧度每秒	角速度	$rad \cdot s^{-1}$	
	弧度每二次方秒	角加速度	$rad \cdot s^{-2}$	
	平方米	面积	m^2	1米^2=1.196码^2
	特斯拉	磁通量密度	T	
	伏特	电动势	V	
	瓦特	功率	W	1W=3.412 Btu$\cdot h^{-1}$
	韦伯	磁通量	Wb	

国际单位制使用的前缀（放在国际单位的前面从而改变其量值）

前　缀	代　码	量　值
阿托	a	$\times 10^{-18}$
费托	f	$\times 10^{-15}$
区高	p	$\times 10^{-12}$
纳若	n	$\times 10^{-9}$
马高	μ	$\times 10^{-6}$
米厘	m	$\times 10^{-3}$
仙特	c	$\times 10^{-2}$
德西	d	$\times 10^{-1}$
德卡	da	$\times 10$
海柯	h	$\times 10^{2}$
基罗	k	$\times 10^{3}$
迈伽	M	$\times 10^{6}$
吉伽	G	$\times 10^{9}$
泰拉	T	$\times 10^{12}$

参考书目及扩展阅读书目

"Agriculture Goes International." Egypt State Information Service. Available on-line. URL: http://www. sis.gov. eg/egyptinf/economy/html/eep/html/text25.htm. Accessed November 5, 2002.

Allaby, Michael. *Basics of Environmental Science, Second Edition.* New York: Routledge, 2000.

——. *Deserts.* New York: Facts On File, 2001.

——. *Elements: Earth.* New York: Facts On File, 1993.

——. *Encyclopedia of Weather and Climate.* 2 vols. New York: Facts On File, 2001.

——. *The Facts On File Weather and Climate Handbook.* New York: Facts On File, 2002.

——. *Plants and Plant Life: Plants Used by People.* Vol. 5. Danbury, Conn.: Grolier Educational, 2001.

——. *Temperate Forests.* New York: Facts On File, 1999.

American Red Cross. "Flood and Flash Flood." Available on-line.

URL: http://www.redcross.org/services/disaster/keepsafe/readyflood. html. Accessed November 7, 2002.

Arnett, Bill. "Europa." Available on-line. URL: http://www. seds. org/nineplanets/ nineplanets/europa.html. Updated February 26, 2001.

——."Ganymede." Available on-line. URL: http://www. seds.org/ nineplanets/ nineplanets/ganymede.html. Updated October 31, 1997.

——."Io." Available on-line. URL: http://www. seds.org/ nineplanets/nineplanets/ io.html. Updated January 10, 2001.

——. "Titan." Available on-line. URL: http://www. seds.org/ nineplanets/ nineplanets/titan.html. Updated October 20, 2000.

——."Triton." Available on-line. URL: http://www. seds.org/ nineplanets/ nineplanets/triton.html. Updated October 13, 1998.

Arnold, J. B., et al."Soil Erosion — Causes and Effects." Ministry of Agriculture and Food, Government of Ontario. Available on-line. URL: http://www. gov.on.ca/ OMAFRA/english/engineer/facts/87-040. htm. Accessed November 6, 2002.

Asmal, Kader."Dams and Development Harnessing Collective Energies." *United Nations Chronicle.* Available on-line. URL: http:// www. un.org/Pubs/chronicle/ 2001/issue3/0103p50.html. Accessed November 6, 2002.

Bapat, Arnn."Dams and Earthquakes." *Frontline,* vol. 16, no. 27 (1999-2000). Available on-line. URL: http://www. flonnet.com/ fl1627/16270870.htm. Accessed November 6, 2002.

Barry, Roger G., and Richard J. Chorley. *Atmosphere, Weather and Climate*. 7th ed. New York: Routledge, 1998.

Baumann, Paul."Flood Analysis." Available on-line. URL: http://www.oneonta.edu/faculty/baumanpr/geosat2/Flood_Management/FLOOD_MANAGEMENT. htm. Accessed November 3, 2002.

Baur, Jörg, and Jochen Rudolph."Water Facts and Findings on Large Dams as Pulled from the Report of the World Commission on Dams". *D+C Develop-ment and Cooperation* (March/April 2001), no. 2. Available on-line. URL: http://www. dse.de/zeitschr/de201-4.htm. Accessed November 6, 2002.

Best, Robert M."The First Book About Noah's Flood That Makes Sense." Available on-line. URL: http://www. flood-myth.com/homecont. htm. Accessed November 6, 2002.

Bijlsma, Floris, Herman Harperink, and Bernard Hulshof."About Lightning." Dutch Storm Chase Team. Available on-line. URL: http://www. stormchasing.nl/ lightning. html. Accessed November 4, 2002.

Bueno, Juan Antonio, et al."The Canalization of South Florida." Available on-line. URL: http://www. eng.fiu.edu/cegrad/case2.htm. Accessed November 6, 2002.

Central Intelligence Agency."Nepal." *The World Factbook 2002*. Available on-line. URL: http://www. cia.gov/cia/publications/factbook/geos.np.html. Updated January 1, 2002.

"China Floods Kill 1,532 People Through Aug." Muzi.com. Available on-line. URL: http://latelinenews.com/cc/english/23743/shtml. Posted September 15, 2002.

CISRG Database."History of Rogun Dam." Available on-line. URL: http://www. cadvision.com/retom/rogun.htm. Accessed November 6, 2002.

"Coastal Zone Management Act of 1972." Office of Ocean and Coastal Resource Management. Available on-line. URL: http://www. ocrm.nos.noaa.gov/czm/ czm_act.html. Revised March 12, 2001.

Collins, Jocelyn."Soil Erosion." Department of Botany, University of the Western Cape. Available on-line. URL: http://www. botany. uwc. ac.za/EnvFacts/facts/erosion.htm. Last updated February 1,2001.

"The Comprehensive Everglades Restoration Plan." Available on-line. URL: http://www. evergladesplan.org/about/rest_plan.cfm. Updated June 2002.

CO_2 & Climate Resource Center. Available on-line. URL: http:// www. greening earthsociety. org/index2.html. Updated November 5, 2002.

Daly, John L."The 'Isle of the Dead': Zero Point of the Sea?" Available on-line. URL: http://www. vision.net.au/~daly/ross1841.htm. Accessed November 5, 2002.

"Earthforce in the Water." The Franklin Institute Online. Available on-line. URL: http://www. fi.edu/earth/water. html. Accessed November 6, 2002.

Emiliani, Cesare. *Planet Earth: Cosmology, Geology, and the Evolution of Life and Environment.* Cambridge, U.K.: Cambridge University Press, 1992.

——. *The Scientific Companion: Exploring the Physical World with Facts, Figures, and Formulas.* 2d ed. New York: John Wiley & Sons, 1995.

Federal Writers' Project of the Work Projects Administration for the State of Tennessee. "Tennessee Valley Authority." *Tennessee: A Guide to the State.* Available on-line. URL: http://newdeal.feri.org/ guides/tnguide/ch09.htm. Accessed November 6, 2002.

"The Flood of '97." Available on-line. URL: http://www. canoe.ca/ Flood/home.html. Posted May 23, 1997.

Florida Department of Environmental Protection."Everglades Restoration." Available on-line. URL: http://www. dep.state.fl.us/ secretary/everglades/default.htm. Updated August 8, 2002.

Food and Agriculture Organization of the United Nations. "Nepal Forestry." Available on-line. URL: http://www. fao.org/forestry/fo/ country/index.jsp? geo_id=35&lang_id=1. Updated December 31, 2000.

Foth, H. D. *Fundamentals of Soil Science.* 8th ed. New York: John Wiley & Sons, 1991.

Frymer-Kensky, Tikva."The Atrahasis Epic and Its Significance for Our Understanding of Genesis 1-9." *Biblical Archeologist* (December 1977), pp. 147-155. Available on-line. URL: http://home.apu. edu/~geraldwilson/atrahasis.html. Accessed November 6, 2002.

Geoscience Australia."Tsunamis." Available on-line. URL: http://www. agso.gov. au/factsheets/urban/20010821_7.jsp. Updated September 15, 2002.

Glantz, Michael."Diverting Russian Rivers: An Idea That Won't Die." Fragilecologies. Available on-line. URL: http://www. fragilecologies.com/oct09_95.html. Posted October 9, 1995.

"Hazards: Storm Surge." National Oceanic and Atmospheric Administration. Available on-line. URL: http://hurricanes.noaa.gov/ prepare/surge.htm. Accessed November 5, 2002.

"Heavy Rains, Flooding and Landslides Hit Vast Areas of China." Geneva: ACT Alert. Available on-line. URL: http://act-intl.org/alerts/ AlChFl-2-02.html. Posted June 13, 2002.

"Historical Events — the Vaiont Disaster, Northern Italy, 1963." Natural Environment Research Council, Coventry University, and University College London. Available on-line. URL: http://www. nerc-bas.ac.uk/tsunami-risks/html/Hvaiont.htm. Accessed November 6, 2002.

Hydrologic Information Center."Locations Above Flood Stage." Available on-line URL: http://www. nws.noaa.gov/oh/hic/current/river_ flooding/ floodtable.shtml. Updated November 5, 2002.

IPCC Working Group II ."Summary for Policymakers: Climate Change 2001: Impacts, Adaptation, and Vulnerability." Intergovernmental Panel on Climate Change (IPCC). Available on-line. URL: http://www. ipcc.ch/pub/wg2 SPMfinal.pdf. Accessed November 5, 2002.

International Boundary and Water Commission, United States Section."Rio Grande Canalization Project: Environmental Impact Statement and River Management Plan." Available on-line. URL: http:// www. ibwc.state.gov/ENVIRONM/body_canalization.htm. Accessed

November 6, 2002.

International Rice Research Institute."Rice Facts." Available on-line. URL: http://www. irri.org/Facts.htm. Accessed November 5, 2002.

Kent, Michael. *Advanced Biology.* New York: Oxford University Press, 2000.

Kidd, David."Maryborough City Life." Available on-line. URL: http://dkd.net/maryboro/flood99.html. Accessed November 3, 2002.

Kriner, Stephanie."Flood Disaster Averted Again in Siberian City." DisasterRelief.org. Available on-line. URL: http://www. disasterrelief. org/Disasters/ 010523Siberiafloods4/. Posted May 23, 2001.

Leung, George."Yellow River: Geographic and Historical Settings." In "Reclamation and Sediment Control in the Middle Yellow River Valley." *Water International,* vol. 21, no. 1 (March 1996), pp.12-19. Available on-line. URL: http://www. cis.umassd.edu/~gleung/geofo/geogren.html.

———. Yellow River Home Page. Available on-line. URL: http:// www. cis.umass.edu/~gleung/. Modified April 26, 1996.

Long, Cynthia."China Floods Displace 5.5 Million People, Create Poverty Trap." Available on-line. URL: http://www. disasterrelief. org/Disasters/990908 chinaflood/. Posted September 6, 1999.

Lutgens, Frederick K., and Edward J. Tarbuck. *The Atmosphere.* 7th ed. Upper Saddle River, N.J.: Prentice Hall, 1998.

McCully, Patrick."About Reservoir-Induced Seismicity." *World Rivers Review*, vol. 12, no. 3 (June 1997). Available on-line. URL:

http://www. irn.org/pubs/wrr/9706/ris/html. Accessed November 6, 2002.

Marsh, T. J."The Risk of Tidal Flooding in London." *Climate, Hydrology, Sea Level and Air Pollution.* Available on-line. URL: http:// www. nbu.ac.uk/iccuk/indicators/10.htm. Accessed November 5, 2002.

Marshall, Jacques."Population and Wealth, More Than Climate, Drive Soaring Costs of U.S. Flood Damage." University Corporation for Atmospheric Research (UCAR), National Center for Atmospheric Research (NCAR). Available on-line. URL: http://www. ucar.edu/communications/ newsreleases/ 2000/floods.html. Last revised October 19, 2000.

Metz, Helen Chapin, ed. *Egypt — a Country Study.* Federal Research Division, Library of Congress. Available on-line. URL: http:// memory. loc.gov/frd/cs/ egtoc.html. Accessed November 5, 2002.

"Mississippi River Flood: 1993." University of Akron. Available on-line. URL: http://lists.uakron.edu/geology/natscigeo/lectures/streams/ miss_flood.htm. Updated February 24, 1998.

Moore, Peter D. *Wetlands.* New York: Facts On File, 2000.

National Weather Service."Flood Forecasting." Available on-line. URL: http://www. wrh.noaa.gov/cnrfc/flood_forecasting.html. Modified July 16, 2002.

——."IWIN National Warnings Area: Warning Categories." Available on-line. URL: http://iwin.nws.noaa.gov/iwin/ nationalwarnings.html. Accessed November 7, 2002.

——."National Hydrologic Summary." Available on-line.

URL: http://iwin.nws. noaa/gov/iwin/us/nationalflood.html. Accessed November 4, 2002.

——. Office of Hydrologic Development. Available on-line. URL: http://www. nws.noaa.gov/oh/. Modified August 29, 2002.

——. Pacific Tsunami Warning Center. Available on-line. URL: http://www. prh. noaa.gov/pr/ptwc/. Accessed November 7, 2002.

——."River Forecast Centers." Available on-line. URL: http:// www. srh.noaa. gov/rfc/html.srrfc.html. Modified March 19, 2002.

——. "Watch, Warning and Advisory Display." Available on-line. URL: http://www. spc.noaa.gov/products/wwa/. Updated every 5 minutes.

——. West Coast and Alaska Tsunami Warning Center. Available on-line. URL: http://wcatwc.arh.noaa.gov/. Updated July 10, 2002.

National Wetlands Conservation Alliance. Available on-line. URL: http://users.erols. com/wetlandg/. Accessed November 6, 2002.

Nelson, Stephen A."Hazards Associated with Flooding." *Flooding Hazards, Prediction and Human Intervention.* Tulane University. Available on-line. URL: http://www. tulane.edu/~sanelson/geol204/ floodhaz.htm. Updated July 29, 2002.

Nepal Home Page. Available on-line. URL: http://www. info-nepal.com/firstpage/. Accessed November 5, 2002.

"The Netherlands: Tulips and Windmills." Available on-line. URL: http://www.wizards.net/ccraig/holland/pieterStory. htm. Updated April 26, 2000.

"1903 Heppner Flood." Available on-line. URL: http://www.

rootsweb.com/~ormorrow/HeppnerFlood.htm. Posted January 19, 2002.

Oke, T.R. *Boundary Layer Climates.* 2d ed. New York: Routledge, 1987. Oliver, John E., and John J. Hidore. *Climatology: An Atmospheric Science.* 2d ed. Upper Saddle River, N.J.: Prentice Hall, 2002.

Plotnikova, Rita."Siberian Flood Waters Wreak Havoc." International Federation of Red Cross and Red Crescent Societies. Available on-line. URL: http://www. ifrc.org/docs/news/01/052301/. Posted May 23, 2001.

The Ramsar Convention on Wetlands. Available on-line. URL: http://www. ramsar. org/. Updated November 6, 2002.

Rekenthaler, Doug."Thousands Missing After Major Levee Collapses Along Yangtze in China." DisasterRelief. org. Available on-line. URL: http://www. disasterrelief. org/Disasters/980808China7/. Posted August 8, 1998.

Rosenberg, Matt."Polders and Dykes of the Netherlands." About. Available on-line. URL: http://geography. about.com/library/weekly/ aa03 300a.htm. Accessed November 5, 2002.

Sa'oudi, Mohammed Abdel-Ghani."An Overview of the Egyptian-Sudanese Jonglei Canal Project." *International Politics Journal.* Available on-line. URL: http://www. siyassa.org.eg/ESiyassa/ ahram/2001/1/1/ STUD4.htm. Posted January 2001.

Seismology Research Centre."Dams and Earthquakes." Available on-line. URL: http://www.seis.com.au/Basics/Dams.html. Modified October 30, 2002.

Sevada, Andrea Matles, ed. *Nepal — a Country Study.* Federal Research Division, Library of Congress. Available on-line. URL: http://memory. loc.gov/frd/cs/ nptoc.html. Accessed November 5, 2002.

Tennessee Valley Authority. Available on-line. URL: http://www. tva.gov/. Accessed November 6, 2002.

Thieler, E. Robert, and Erika S. Hammer-Klose."National Assessment of Coastal Vulnerability to Sea-Level Rise." U.S. Geological Survey. Available on-line. URL: http://pubs.usgs.gov/openfile/of99-593/pages.res.html. Accessed November 2002.

Trimel, Suzanne."Discovery of Human Artifacts Below Surface of Black Sea Backs Theory by Columbia University Faculty of Ancient Flood." *Earth Institute News.* Available on-line. URL: http://www. earthinstitute. columbia.edu/news/ story9_1.html. Posted September 13, 2000.

"The Tsunami Warning System." Available on-line. URL: http:// www. geophys. washington.edu/tsunami/general/warning/warning.html. Accessed November 7, 2002.

UN Office for the Coordination of Humanitarian Affairs (OCHA)."Algeria — Floods." OCHA Situation Report 7. Available on-line. URL: http://www.reliefweb.int/w/rwb.nsf/6686f45896fl5dbc85256 7ae00530132/003696al4bb6c 65585256b100061d469?OpenDocument. Posted November 26, 2001.

U.S. Agency for International Development (USAID)."Algeria — Floods Fact Sheet #1 (FY02)." Available on-line. URL: http://www. reliefweb.int/w/rwb.nsf/ 6686f45896fl5dbc852567ae00530132/

de4697b6727de8e049256b1 70007a50e? OpenDocument. Posted November 30, 2001.

USC Tsunami Research Group. University of Southern California. Available on-line. URL: http://www.usc.edu/dept/tsunamis/index.html. Accessed November 4, 2002.

———. "Papua New Guinea July 31-August 8, 1998." Available on-line. URL: http://www. usc.edu/dept/tsunamis/PNG/. Accessed November 4, 2002.

U.S. Fish and Wildlife Service."National Coastal Wetlands Conservation Grant Program." Available on-line. URL: http://www. fws. gov/cep.cwgcover. html. Updated July 30, 2002.

U.S. Geological Survey. Available on-line. URL: http://www. usgs. gov/. Last modified November 1, 2002.

———. "Flash Flood Laboratory." Available on-line. URL: http://www. cira. colostate.edu/fflab/international.htm. Accessed November 7, 2002.

———. "National Assessment of Coastal Vulnerability to Sea-Level Rise." Available on-line. URL: http://pubs.usgs.gov/openfile/of00-179/ pages/data.html. Modified September 6, 2001.

———."Prediction." Available on-line. URL: http://www. cira. colostate.edu/fflab/ prediction.htm. Accessed November 7, 2002.

———."Tsunamis and Earthquakes." Available on-line. URL: http:// walrus.wr. usgs.gov/tsunami/. Modified August 3, 2001.

U.S. Global Change Research Information Office."Soil and Sediment Erosion." Available on-line. URL: http://www. gcrio.org/geo/

soil.html. Accessed November 6, 2002.

"VVV Noord-Holland: About the Province." North Holland Tourist Board. Available on-line. URL: http://www. noord-holland-tourist.nl/uk/ emolens.htm. Accessed November 5, 2002.

The Weather Channel."Forecasting Floods." *Storm Encyclopedia.* Available on-line. URL: http://www. weather. com/encyclopedia/flood./ forecast.html. Accessed November 7, 2002.

World Bank."World Bank Lending for Large Dams: A Preliminary Review of Impacts." Available on-line. URL: http://wbln0018. worldbank.org/oed/ oeddoclib.nsf/3ff836dc39b23cef85256885007b9 56b/bb68e3aeed5d12a4852567 f5005d8d95?OpenDocument. Posted January 9, 1996.

Wright, Jerry, and Gary Sands."Planning an Agricultural Subsurface Drainage System." *Agricultural Drainage.* Available on-line. URL: http://www. extension. umn.edu/distribution/cropsystems/ DC7685.html. Accessed November 6, 2002.

Yazoo-Mississippi Delta Levee District. Available on-line. URL: http://www. leveeboard.org/. Modified July 17, 2002.

Yuzhno-Sakhalinsk Tsunami Warning Center. Available on-line. URL: http://www. science.sakhalin.ru/Tsunami/. Accessed November 7, 2002.

Zavisa, John."How Lightning Works." Howstuffworks. Available on-line. URL: http://www. howstuffworks.com/lightning.htm. Accessed November 4, 2002.